단숨에 끝
SERIES
단끝

단끝

전기기사 · 전기산업기사

전기기기

KB021473

필기 기본서

정용걸 편저

단숨에 끝내는
핵심이론

단원별 출제
예상문제

제2판

동영상 강의
pmgbooks.co.kr

전기분야
최다 조회수
100만 뷰

박문각

PREFACE
이 책의 **머리말**

전기분야 최다 조회수 기록 100만명이 보았습니다!!

"열정은 있다. 그러나 기본이 없다." — 베토벤 —

어떤 일이든 열정만으로 되는 것은 없다고 생각합니다. 마음만 먹으면 금방이라도 자격증을 취득할 것 같아 벅찬 가슴으로 자격증 공부에 대한 계획을 세우지만 한해 10여만 명의 수험자들 중 90% 이상은 재시험을 보아야 하는 실패를 경험합니다.

저는 30년 이상 전기기사 강의를 진행하면서 전기기사 자격증 취득에 실패하는 사례를 면밀히 살펴보니 수험자들이 자격증 취득에 대한 열정은 있지만 정작 전기에 대한 기초공부가 너무나도 부족한 것을 알게 되었습니다.

특히 수강생들이 회로이론, 전기자기학, 전기기기 등의 과목 때문에 힘들어 하는 모습을 보면서 전기기사 자격증을 취득하는 데 도움을 주려고 초보전기 강의를 하게 되었고 강의 동영상을 무지개꿈원격평생교육원 사이트(www.mukoom.com)를 개설하여 10년만에 누적 100여만 명이 조회하였습니다.

이는 전기기사 수험생들이 대부분 비전문가가 많기 때문에 전기 기초에 대한 절실함이 있기 때문이라고 생각합니다.

동영상 강의교재는 너무나도 많지만 초보자의 시각에서 안성맞춤의 강의를 진행하는 교재는 그리 흔치 않습니다.

본 교재에서는 수험생들이 가장 까다롭게 생각하는 과목 중 필요 없는 것은 버리고 꼭 암기하고 알아야 할 것을 간추려 초보자에게 안성맞춤이 되도록 강의한 내용을 중심으로 집필하였습니다.

'열정은 있다. 그러나 기본이 없다'란 베토벤의 말처럼 기초는 너무나도 중요한 문제입니다.

본 교재를 통해 전기(산업)기사 자격증 공부에 어려움을 겪고 있는 수험생 분에게 도움이 되었으면 감사하겠습니다.

무지개꿈 교육원장 정용걸

동영상 교육사이트

무지개꿈원격평생교육원 http://www.mukoom.com
유튜브채널 '전기왕정원장'

01 전기(산업)기사 필기 합격 공부방법

1 초보전기 II 무료강의

전기(산업)기사의 기초가 부족한 수험생이 필수로 숙지를 하셔야 중도에 포기하지 않고 전기(산업)기사 취득이 가능합니다.
초보전기 II에는 전기(산업)기사의 기초인 기초수학, 기초용어, 기초회로, 기초자기학, 공학용 계산기 활용법 동영상이 있습니다.

2 초보전기 II 숙지 후에 회로이론을 공부하시면 좋습니다.

회로이론에서 배우는 R, L, C가 전기자기학, 전기기기, 전력공학 공부에 큰 도움이 됩니다.
회로이론 20문항 중 12문항 득점을 목표로 공부하시면 좋습니다.

3 회로이론 다음으로 전기자기학 공부를 하시면 좋습니다.

전기(산업)기사 시험 과목 중 과락으로 실패를 하는 경우가 많습니다.
전기자기학은 20문항 중 10문항 득점을 목표로 공부하시면 좋습니다.

4 전기자기학 다음으로는 전기기기를 공부하면 좋습니다.

전기기기는 20문항 중 12문항 득점을 목표로 공부하시면 좋습니다.

5 전기기기 다음으로 전력공학을 공부하시면 좋습니다.

전력공학은 20문항 중 16문항 득점을 목표로 공부하시면 좋습니다.

6 전력공학 다음으로 전기설비기술기준 과목을 공부하시면 좋습니다.

전기설비기술기준 과목은 전기(산업)기사 필기시험 과목 중 제일 점수를 득점하기 쉬운 과목으로 20문항 중 18문항 득점을 목표로 공부하시면 좋습니다.

초보전기 II 무료동영상 시청방법

유튜브 '전기왕정원장' 검색 → 재생목록 → 초보전기 II : 전기기사,
전기산업기사의 기초를 클릭하셔서 시청하시기 바랍니다.

02 확실한 합격을 위한 출발선

1 전기기사 · 전기산업기사

수험생들이 회로이론, 전기자기학, 전력공학 등의 과목 때문에 힘들어하는 모습을 보면서 전기기사 · 전기산업기사 자격증을 취득하는 데 도움을 주기 위해 출간된 교재입니다. 회로이론, 전기자기학, 전력공학 등 어려운 과목들에서 수험생들이 힘들어 하는 내용을 압축하여 단계적으로 학습할 수 있도록 구성하였습니다.

핵심이론과 출제예상문제를 통해 학습하고, 강의를 100% 활용한다면, 기초를 보다 쉽게 정복할 수 있을 것입니다.

2 강의 이용 방법

초보전기 II
☑ QR코드 리더 모바일 앱 설치 → 설치한 앱을 열고 모바일로 QR코드 스캔
→ 클립보드 복사 → 링크 열기 → 동영상강의 시청

※ 전기(산업)기사 기본서 중 회로이론은 무료강의, 다른 과목들은 유료강의입니다.

GUIDE
필기 합격 공부방법

---

03 무지개꿈원격평생교육원에서만 누릴 수 있는 강좌 서비스 보는 방법

---

1 인터넷 브라우저 주소창에서 [www.mukoom.com]을 입력하여 [무지개꿈원격평생교육원]에 접속합니다.

2 [회원가입]을 클릭하여 [무꿈 회원]으로 가입합니다.

3 [무료강의]를 클릭하면 [무료강의] 창이 뜹니다. [무료강의] 창에서 수강하고 싶은 무료 강좌 및 기출문제 풀이 무료 동영상강의를 수강합니다.

CONTENTS
이 책의 **차례**

CONTENTS
이 책의 **차례**

chapter
01

직류기

01 CHAPTER

직류기

제1절 | 직류 발전기

(1) 플레밍의 오른손 법칙(발전기) 운동 E ⇒ 전기 E

① 엄지 : 운동속도 v[m/s]

② 검지 : 자속밀도 $B = \dfrac{\phi}{S}$ [Wb/㎡]

③ 중지 : 기전력 e[V]

$$e = B \cdot l \cdot v \sin\theta [V]$$

(2) 플레밍의 왼손 법칙(전동기) 전기 E ⇒ 운동 E

① 엄지 : F 힘[N]

② 검지 : B 자속밀도 $= \dfrac{\phi}{S}$ [Wb/㎡]

③ 중지 : I 전류[A]

(3) 앙페르의 오른나사 법칙

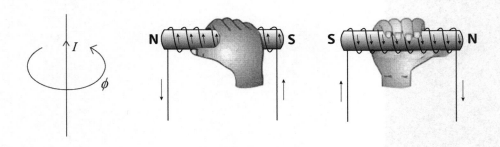

01 구성요소

(1) 계자(고정자) : 자속 ϕ[Wb]을 발생

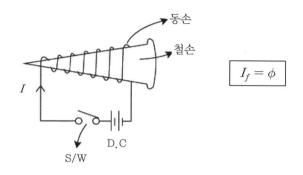

$$I_f = \phi$$

(2) 전기자(회전자) : 자속을 끊어서 기전력을 발생

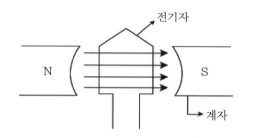

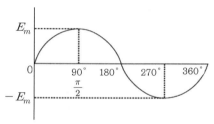

철손 $P_i \downarrow$
- 히스테리 시스손 $P_h \downarrow$: 규소 강판 사용
  ┌ 4[%] → 3.5[%]
- 와류손(맴돌이 전류손) $P_e \downarrow$: 성층 철심
  └ 0.35~0.5[mm]

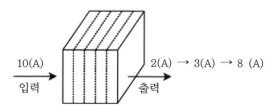

10(A) 입력 → 2(A) → 3(A) → 8 (A) 출력

(3) 정류자(AC $\Rightarrow$ DC)

① 정류자 편수 $K = \dfrac{Z}{2} = \dfrac{\mu}{2}s$ z : 총 도체수

② 위상차 $\theta = \dfrac{2\pi}{K} = \dfrac{2\pi}{m}$ s : 전슬롯수(홈수) $\Rightarrow$ 구멍수

③ 정류자 편간전압 $e_k = \dfrac{PE}{K}$ μ : 한 슬롯 내의 코일 변수

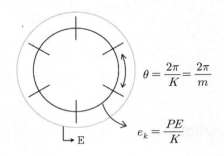

(4) 브러쉬 : 내부회로 $\Rightarrow$ 외부회로

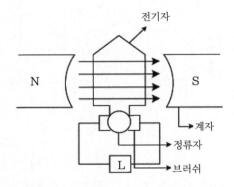

① 탄소 브러쉬 : 접촉 저항이 크다.
② 금속 흑연질 브러시 : 전기분해에 의해 저전압·대전류에 사용
③ 브러시 압력 : $0.15 \sim 0.25 [\text{kg/cm}^2]$

※ 직류기의 3대 요소 : 계자, 전기자, 정류자

02 전기자 권선법

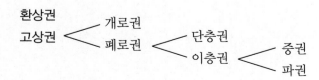

(1) 직류기의 권선법 3가지 : 고상권·폐로권·이층권

┌ 병렬회로 수

- 중권(병렬권)　a=p
- 파권(직렬권)　a=2

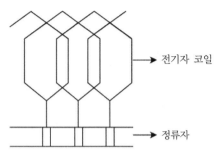

→ 전기자 코일

→ 정류자

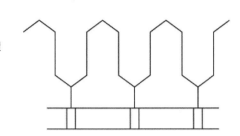

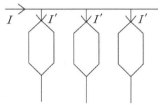

ex. p=4

- 중권(병렬권) a=p　저전압·대전류
- 파권(직렬권) a=2　고전압·소전류

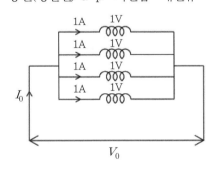

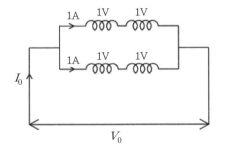

- 중권과 파권의 차이점

	중권(병렬권)	파권(직렬권)
① a, b	a=p=b	a=2=b
② 용도	저전압·대전류	고전압·소전류
③ 다중도(m)	a=mp	a=2m
④ 균압선(균압환)	○	×

= 균압모선

↳ 병렬운전을 안정하게 운전하기 위하여

03 직류 발전기의 유기 기전력 E

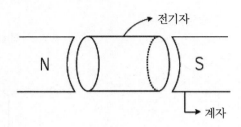

전기자

N   S

계자

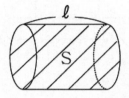

원둘레 $2\pi r = \pi D$

(=바퀴의 크기)

1) $e = B \cdot l \cdot v\sin\theta \, [\text{V}]$

2) $B = \dfrac{\phi}{S} = \dfrac{P\phi}{\pi Dl} \, [\text{Wb/m}^2]$

3) $v = \pi D \dfrac{N}{60} \, [\text{m/s}]$

4) $E = \dfrac{P}{a} Z\phi \dfrac{N}{60} = K\phi N \, [\text{V}]$

↑↑ 중권 a=p ↑↑

파권 a=2 ↓↑

$v = \pi Dn = \pi D \dfrac{N}{60} \, [\text{m/s}]$

n : 회전수[rps]

N : 회전수[rpm]

04 전기자 반작용 : 주자속(계자극=계자자속)에 영향을 주는 현상

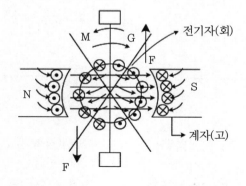

M   G

전기자(회)

F

N   S

계자(고)

F

⊗ : 들어가는 방향

⊙ : 나오는 방향

(1) 영향

① 편자작용 → 중성축 이동 → 브러쉬 이동 ⟨ G : 회전 방향

M : 회전 반대 방향

② 감자작용

③ 불꽃(섬락) 발생

(2) 방지법

① 보상권선 : 전기자 권선의 전류 방향과 반대(전기자와 직렬 연결)

② 보극 설치(전압정류)

(3) 전기자 반작용에 의한 기자력

① 감자 기자력 $A\,T_d = \dfrac{I_a Z}{2ap} \cdot \dfrac{2\alpha}{180}\,[\text{AT/pole}]$

② 교차 기자력 $A\,T_c = \dfrac{I_a Z}{2ap} \cdot \dfrac{\beta}{180}\,[\text{AT/pole}]$

05 정류(AC ⇒ DC)

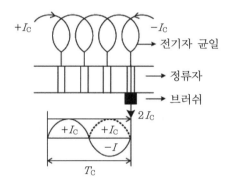

(1) 평균 리액턴스 전압 $e_L\,[\text{V}]$

렌츠의 법칙

$$e = L\frac{di}{dt}$$

$$e_L = L\frac{2I_c}{T_c}\,[\text{V}]$$

(2) 정류곡선

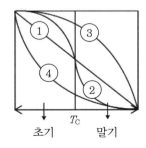

① 직선적인 정류

② 정현파 정류 ⟩ 이상적인(양호한) 정류

③ 부족 정류 : 정류 말기에 불꽃(섬락) 발생

④ 과 정류 : 정류 초기에 불꽃(섬락) 발생

(3) 양호한 정류를 얻는 방법

① 평균 리액턴스 전압 감소($e_L \downarrow$) ⇒ 보극 설치(전압정류)

② 인덕턴스 감소($L \downarrow$)

③ 정류주기 길게($T_c \uparrow$)

④ 속도(v) 느리게

⑤ 탄소 브러쉬 설치(저항정류)

$$e_L = L\frac{2I_c}{T_c} \qquad T_c = \frac{b - \delta}{v}$$

브러쉬 두께

절연물 두께

06 발전기의 종류

(1) 발전기의 종류

① 타여자 발전기 : 외부로부터 전압을 공급받아서 발전(잔류자기 ✕)

② <u>자여자 발전기</u> : 자기자신 스스로 발전(잔류자기 ○)

┌─ 직권 발전기 : 계자 권선과 전기자 권선이 직렬로 연결

　　　+

├─ 분권 발전기 : 계자 권선과 전기자 권선이 병렬로 연결

　　　‖

└─ 복권 발전기 　외분권　 가동복권 　평복권

　　　　　　　　　 내분권　 차동복권 　과복권

(2) 타여자 발전기(잔류자기 ✕)

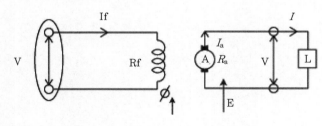

① $I_a = I = \dfrac{P}{V}$ [A]

② 입력 = 출력 + 손실

$$\boxed{E = V + I_a R_a \text{[V]}}$$

③ 무부하시 I = 0

$\boxed{V_0 = E}$ 전압확립이 된다.

(3) 자여자 발전기(잔류자기 ○)

① 직권 발전기(직렬)

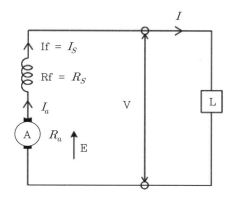

① $\boxed{I_a = I_s = I = \phi}$

② 입력=출력+손실

$$E = V + I_a R_a + I_s R_s$$

$$(= I_a)$$

$$\boxed{E = V + I_a(R_a + R_s)\,[\mathrm{V}]}$$

③ <u>무부하 시 I=0</u>

<u>전압 확립이 되지 않는다.</u>

② 분권 발전기(병렬)

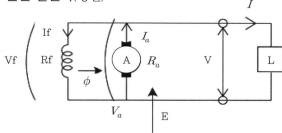

㉠ $\boxed{I_a = I + I_f = \dfrac{P}{V} + \dfrac{V}{R_f}\,[\mathrm{A}]}$ $\xrightarrow{\text{무부하 시}}$ $I_a = I_f = \dfrac{V}{R_f}$

㉡ 입력 = 출력 + 손실

$$\boxed{E = V + I_a R_a + e_a + e_b\,[\mathrm{V}]}$$

㉢ 무부하 시 I = 0 $\Big\langle$ $\begin{array}{l} I_a = I_f \\ V = I_f \cdot R_f \end{array}$

전압확립이 된다.

(4) 분권 전동기

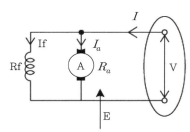

① $I = I_a + I_f$ $I_a = I - I_f = \dfrac{P}{V} - \dfrac{V}{R_f}\,[\mathrm{A}]$

② $V = E + I_a R_a$ $E = V - I_a R_a$

$$E = \frac{P}{a} Z\phi \frac{N}{60} = K\phi N \quad \begin{array}{l} \text{중권 a=p} \\ \text{파권 a=2} \end{array}$$

$$E = V + I_a R_a$$

(5) 복권 발전기(직권+분권) < 외분권 \\ 내분권

① 외분권   ② 내분권

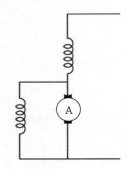

가) 복권 발전기를 분권 발전기로 사용 시 : 직권 계자 권선 단락
나) 복권 발전기를 직권 발전기로 사용 시 : 분권 계자 권선 개방
다) 가동 복권 발전기 ⇔ 차동 복권 전동기
라) 차동 복권 발전기 ⇔ 가동 복권 전동기

07 직류 발전기의 특성곡선

(1) 무부하 특성곡선 : I_f와 E의 관계

(2) 부하 특성곡선 : I_f와 V의 관계

(3) 내부 특성곡선 : I와 E의 관계

(4) 외부 특성곡선 : I와 V의 관계

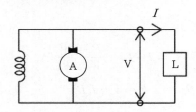

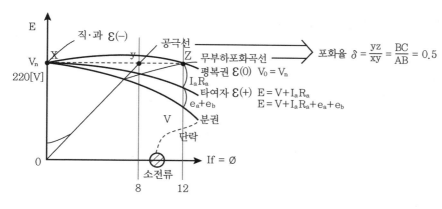

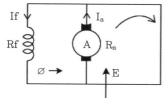

단락 → 소전류 발생

08 자여자 발전기의 전압확립조건

(1) 잔류자기가 존재

(2) 계자저항 < 임계저항

(3) 회전 방향이 잔류자기의 방향과 일치

(4) 역회전 ⇒ 잔류자기 소멸 ⇒ 발전되지
않는다(전압 확립이 되지 않는다).

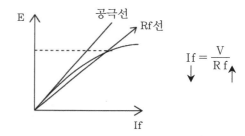

09 전압 변동률 ϵ

$$\epsilon = \frac{V_0 - V_n}{V_n} \times 100 = \frac{I_a R_a}{V_n} \times 100$$

무부하 시 전압 ↗

↘ 정격전압

(1) $\epsilon(+)$: 분·타·차

(2) $\epsilon(0)$: 평($V_0 = V_n$)

(3) $\epsilon(-)$: 직·복(과복권)

$$V_0 = V_n \times (\epsilon + 1)$$

$$V_n = V_0 / (\epsilon + 1)$$

※ 과복권 발전기: 무부하일 때보다 부하가 증가한 경우에 단자전압이 상승하는 발전기

10 직류 발전기의 병렬운전조건 ≠ 용량·출력

(1) 극성 일치

(2) 단자(정격)전압 일치

$$I \qquad L \Rightarrow X_L$$

(3) 외부 특성곡선이 <u>수하특성</u>일 것

용접기(누설 변압기) ⟨ 누설 리액턴스가 크다.
전압 변동률이 크다.

$$I = \frac{P}{V}$$

$$\downarrow\uparrow \quad \downarrow\uparrow$$

(4) 균압선(환) 설치 : 직·복(과복권)

제2절 | 직류 전동기

01 전동기의 종류

(1) 타여자 전동기(정속도 전동기)

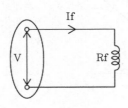
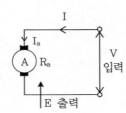

① $\boxed{I_a = I = \dfrac{P}{V}}$

② 입=출+손

$$V = E + I_a R_a$$

$$\boxed{E = V - I_a R_a}$$

(2) 자여자 전동기

① 직권 전동기(직렬)

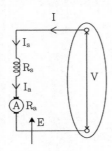

① $\boxed{I_a = I_s = I = \phi}$

② 입=출+손

$$V = E + I_s R_s + I_a R_a$$

$$(= I_a)$$

$$V = E + I_a(R_a + R_s)$$

$$\boxed{E = V - I_a(R_a + R_s)}$$

② 분권 전동기(병렬)

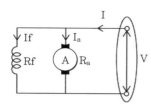

① $I = I_a + If$

$$I_a = I - If = \frac{P}{V} - \frac{V}{Rf}[A]$$

② 입=출+손

$$V = E + I_a R_a$$

$$E = V - I_a R_a[V]$$

02 토크 T [N · m] [kg · m]

분 · 타 $E = V - I_a R_a$
직 $E = V - I_a(R_a + R_s)$

(1) $T = \dfrac{P}{\omega} = \dfrac{P}{2\pi \dfrac{N}{60}} = \dfrac{60P}{2\pi N} = \dfrac{60 \boxed{E} \cdot I_a}{2\pi N}$ [N · m]

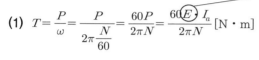

$\omega = 2\pi f$

$\omega = 2\pi f$

$$1[\text{kg} \cdot \text{m}] = 9.8[\text{N} \cdot \text{m}]$$

(2) $T = \left(\dfrac{60P}{2\pi N}\right) \times \left(\dfrac{1}{9.8}\right) = 0.975 \dfrac{P}{N} = 0.975 \dfrac{E \cdot I_a}{N}$ [kg · m]

(3) $T = \dfrac{60 I_a}{2\pi N} \cdot \dfrac{P}{a} Z\phi \dfrac{N}{60} = \dfrac{PZ\phi}{2\pi a} I_a$ [N · m]/9.8[kg · m]

(4) $T = \dfrac{PZ\phi}{2\pi a} I_a = K\phi I_a$[N · m]

03 회전수 n[rps] N[rpm]

$E = K\phi N$

$N = \dfrac{E}{K\phi}$ [rpm] $K = \dfrac{PZ}{60a}$

$n = K\dfrac{\boxed{E}}{\phi}$[rps] $\times 60$[rpm]

분 · 타 $E = V - I_a R_a$
직 $E = V - I_a(R_a + R_s)$

04 비례관계

(1) 직권 전동기(전차용 · 기중기)

$$T = K\phi I_a, \ \ n = K\frac{E}{\phi} \qquad I_a = I_s = I = \phi$$
$$\Downarrow \qquad\quad \Downarrow$$
$$I_a \qquad\quad I_a$$

$$\boxed{T \propto I_a^2 \propto \frac{1}{N^2}}$$ 정격전압 · 무부하 ⇒ 위험속도에 도달 ⇒ 기어나 체인 방식 사용
$$\downarrow\uparrow \qquad \uparrow\downarrow$$

(2) 분권 전동기

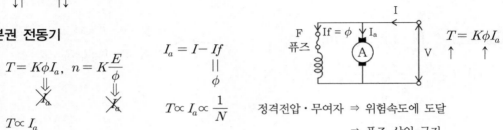

$$T = K\phi I_a, \ \ n = K\frac{E}{\phi}$$
$$\cancel{\Downarrow}_{I_a} \qquad\quad \cancel{\Downarrow}_{I_a}$$
$$T \propto I_a$$

$$I_a = I - If$$
$$\|$$
$$\phi$$
$$T \propto I_a \propto \frac{1}{N}$$

정격전압 · 무여자 ⇒ 위험속도에 도달
⇒ 퓨즈 삽입 금지

$$T = K\phi I_a$$

05 속도 변동률 ϵ

$$\epsilon = \frac{N_0 - N_n}{N_n} \times 100$$

$$N_0 = N_n \times (\epsilon + 1)$$

$$N_n = N_0 / \epsilon + 1$$

- 속도 변동률 大 → 小   • 토크 변동률 大 → 小
  직 → 가 → 분 → 차   직 → 가 → 분 → 차

06 분권 전동기의 기동시 운전

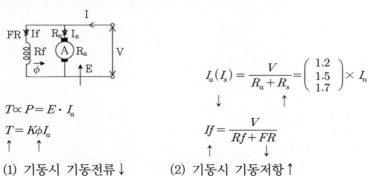

$$T \propto P = E \cdot I_a$$
$$T = K\phi I_a$$
$$\uparrow \quad \uparrow$$

$$I_a(I_s) = \frac{V}{R_a + R_s} = \begin{pmatrix} 1.2 \\ 1.5 \\ 1.7 \end{pmatrix} \times I_n$$
$$\downarrow \qquad\qquad \uparrow$$
$$If = \frac{V}{Rf + FR}$$
$$\uparrow \qquad\qquad \downarrow$$

(1) 기동시 기동전류↓   (2) 기동시 기동저항↑

(3) 기동시 계자전류↑   (4) 기동시 계자저항↓ $FR = 0$

07 속도제어법 ≠ 2차 여자법

$$n = K\frac{V - I_a R_a}{\phi} = If = \frac{V}{Rf}$$

    ↑   ↓   ↓   ↑

(1) 계자 제어법 : 정출력 제어
(2) 전압 제어법 : 속도제어가 광범위 · 운전 효율이 좋다(정토크 제어).
                 워드 레오나드 방식 : 정밀한 장소
                 일그너 방식 : 부하 변동이 심한 곳
                            fly-wheel 설치
(3) 저항 제어법 : 손실이 크다.

08 제동법

(1) 발전 제동 : 전동기를 발전기로 작동시켜 회전체의 운동에너지를 전기(열)에너지로 변환시켜 제동
(2) 회생 제동 : 전동기의 단자전압보다 역기전력을 더 크게 하여 제동하는 방식
          ~ 반환
(3) 역상(역전) 제동 : 3상 중 2상의 접속을 반대로 접속하여 제동
            (플러깅 제동)

09 직류기의 손실 및 효율

(1) 손실

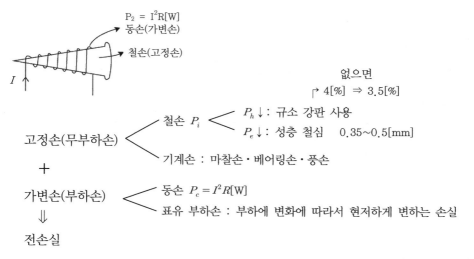

(2) 효율 η

① $\eta = \dfrac{출력}{입력} \times 100$ 입력 = 출력 + 손실

② $\eta_G = \dfrac{출력}{입력} \times 100 = \dfrac{출력}{출력 + 손실} \times 100$

③ $\eta_M = \dfrac{출력}{입력} \times 100 = \dfrac{입력 - 손실}{입력} \times 100$

④ 최대 효율조건

　　고정손　　=　　가변손

　(무부하손)　　(부하손)

　　(철손)　　　(동손)

10 온도시험

(1) 실부하법

(2) 반환부하법 : 카프법 · 홉킨스법 · 브론델법 ≒ 프로니 브레이크법
　　　　　　　　　　　　　　　　　키크법

11 토크 측정

(1) 대형 직류기의 토크 측정 : 전기 동력계법

(2) 소형 직류기의 토크 측정 : 프로니 브레이크법

12 절연종별에 따른 허용온도

절연종별	Y	A	E	B	F	H	C
허용온도	90[℃]	105[℃]	120[℃]	130[℃]	155[℃]	180[℃]	180[℃] 초과

01 직류기의 구조가 아닌 것은?

① 계자 권선　　　　　　　　　　② 전기자 권선
③ 내철형 철심　　　　　　　　　　④ 전기자 철심

해설
직류기의 구조는 계자, 전기자 권선, 전기자 철심이 된다. 내철형 철심은 변압기의 구조를 말한다.

02 직류기에서 공극을 사이에 두고 전기자와 함께 자기회로를 형성하는 것은?

① 계자　　　　　　　　　　　　　② 슬롯
③ 정류자　　　　　　　　　　　　④ 브러시

해설
계자는 전기자를 통과하는 자속을 만드는 부분으로 자극과 계철로 구분한다.

03 직류기에서 계자자속을 만들기 위하여 전자석의 권선에 전류를 흘리는 것을 무엇이라 하는가?

① 보극　　　　　　　　　　　　　② 여자
③ 보상권선　　　　　　　　　　　④ 자화작용

해설
계자
전자석의 권선에 전류를 흘리는 것을 여자라고 한다.

04 자속밀도를 0.6[Wb/m²], 도체의 길이를 0.3[m], 속도를 10[m/s]라 할 때 도체 양단에 유기되는 기전력은?

① 0.9[V]　　　　　　　　　　　　② 1.8[V]
③ 9[V]　　　　　　　　　　　　　④ 18[V]

해설
기전력 $e = B\ell v$ [V]
$$= 0.6 \times 0.3 \times 10 = 1.8 \, [\text{V}]$$

정답　01 ③　02 ①　03 ②　04 ②

05 보통 전기기계에서는 규소강판을 성층하여 사용하는 경우가 많다. 성층하는 이유는 다음 중 어느 것을 줄이기 위한 것인가?

① 히스테리시스손 ② 와류손
③ 동손 ④ 기계손

06 전기기계에 있어서 히스테리시스손을 감소시키기 위하여 어떻게 하는 것이 좋은가?

① 성층철심 사용 ② 규소강판 사용
③ 보극 설치 ④ 보상권선 설치

해설

손실
히스테리시스손 : 규소강판
성층철심 : 와류손(맴돌이손)

07 자극수 4, 슬롯 40, 슬롯 내부 코일변수 4인 단중중권 정류자 편수는?

① 10 ② 20
③ 40 ④ 80

해설

편수 $k = \dfrac{u}{2}s = \dfrac{4}{2} \times 40 = 80 \, [$개$]$

08 유기 기전력 260[V], 극수가 6, 정류자 편수 162인 직류 발전기의 정류자 편간 평균전압은 얼마인가? (단, 중권이라 한다.)

① 9.63[V] ② 10.63[V]
③ 8.63[V] ④ 7.63[V]

해설

전압 $e = \dfrac{PE}{k} = \dfrac{6 \times 260}{162} = 9.63 \, [V]$

P : 극수, E : 기전력, k : 편수

정답 05 ② 06 ② 07 ④ 08 ①

09 정현파형의 회전 자계 중에 정류자가 있는 회전자를 놓으면 각 정류자편 사이에 연결되어 있는 회전자 권선에는 크기가 같고 위상이 다른 전압이 유기된다. 정류자 편수를 K라 하면 정류자 편 사이의 위상차는?

① $\dfrac{\pi}{K}$ ② $\dfrac{2\pi}{K}$ ③ $\dfrac{K}{\pi}$ ④ $\dfrac{K}{2\pi}$

해설

정류자 편간의 위상차

$$\theta = \frac{2\pi}{K}$$

10 직류기에 탄소 브러시를 사용하는 이유는 주로 어떻게 되는가?

① 고유저항이 작다.   ② 접촉저항이 작다.
③ 접촉저항이 크다.   ④ 고유저항이 크다.

해설

탄소 brush : 접촉저항이 크기 때문에 직류기에 사용

11 전기분해 등에 사용되는 저전압 대전류의 직류기에는 어떤 질의 브러시가 가장 적당한가?

① 탄소질   ② 흑연질
③ 금속 흑연질   ④ 금속

해설

금속 흑연질 brush : 전기분해 등의 저전압 대전류용 기계기구 사용

12 직류기의 전기자에 사용되는 권선법은?

① 단층권   ② 2층권
③ 환상권   ④ 개로권

정답   **09** ②   **10** ③   **11** ③   **12** ②

13 다음 권선법 중에서 직류기에 주로 사용되는 것은?

① 폐로권, 환상권, 이층권
② 폐로권, 고상권, 이층권
③ 개로권, 환상권, 단층권
④ 개로권, 고상권, 이층권

해설
직류기의 전기자 권선법
고상권, 폐로권, 이층권

14 직류 분권 발전기의 전기자 권선을 단중중권으로 감으면?

① 병렬회로 수는 항상 2이다.
② 높은 전압, 작은 전류에 적당하다.
③ 균압선이 필요 없다.
④ 브러시 수는 극수와 같아야 한다.

해설
① 중권(병렬권) – 저전압, 대전류용 기계기구
    단중중권 : $a = p = b$
    다중중권 : $a = mp$ m : 다중도
② 파권(직렬권) – 고전압, 소전류용 기계기구
    단중파권 : $a = 2 = b$
    다중파권 : $a = 2m$ m : 다중도

15 전기자 도체의 굵기, 권수, 극수가 모두 동일할 때 단중파권은 단중중권에 비해 전류와 전압의 관계는?

① 소전류와 저전압이다.
② 대전류와 저전압이다.
③ 소전류와 고전압이다.
④ 대전류와 고전압이다.

해설
중권과 파권
중권은 저전압 대전류용이며, 파권은 고전압 소전류용의 특성을 갖는다.

정답   **13** ②   **14** ④   **15** ③

16 4극의 전기자 권선이 단중중권인 직류 발전기의 전기자 전류가 20[A]라면 각 전기자 권선의 병렬회로에 흐르는 전류 [A]는?

① 10 ② 8 ③ 2 ④ 5

해설

단중중권의 특징

전기자 병렬회로 수 $a = P$이므로 병렬회로 수는 4개가 된다. 따라서 20[A]가 4개의 회로에 나누어 흐르게 된다. 따라서 5[A]가 된다.

17 전기자 도체의 총수 500, 10극, 단중파권으로 매극 자속수가 0.2[Wb]인 직류 발전기가 600[rpm]으로 회전할 때의 유도 기전력은 몇 [V]인가?

① 1,000 ② 2,500 ③ 5,000 ④ 10,000

해설

유도 기전력

유기 기전력 $E = \dfrac{PZ\phi N}{60a}$[V] (파권이므로 $a = 2$)

$$E = \frac{10 \times 500 \times 0.2 \times 600}{60 \times 2} = 5,000 \text{[V]}$$

18 포화하고 있지 않은 직류 발전기의 회전수가 $\dfrac{1}{2}$로 감소되었을 때 기전력을 전과 같은 값으로 하자면 여자를 속도 변화 전에 비해 얼마로 해야 하는가?

① $\dfrac{1}{2}$배 ② 1배 ③ 2배 ④ 4배

해설

E : 기전력, k : 기계상수, ϕ : 여자전류, N : 회전수

$E = \dfrac{PZ\phi N}{60a} = k\phi N$[V], $k = \dfrac{PZ}{60a}$

$E = k\phi N$[V], $\phi \propto \dfrac{1}{N} = \dfrac{1}{\frac{1}{2}} = 2$배

19 어떤 타여자 발전기가 800[rpm]으로 회전할 때 120[V] 기전력을 유도하는 데 4[A]의 여자전류를 필요로 한다고 한다. 이 발전기를 640[rpm]으로 회전하여 140[V]의 유도 기전력을 얻으려면 몇 [A]의 여자전류가 필요한가? (단, 자기회로의 포화현상은 무시한다.)

① 6.7

② 6.4

③ 5.98

④ 5.8

해설

$E = 120\,[\text{V}]$, $\phi = 4\,[\text{A}]$, $N = 800\,[\text{rpm}] \rightarrow E = k\phi N\,[\text{V}]$ $E = 120\,[\text{V}]$

$E' = 140\,[\text{V}]$, $\phi' = ?$, $N' = 640\,[\text{rpm}] \rightarrow E' = k\phi'N'\,[\text{V}]$ $E' = 140\,[\text{V}]$

$\phi' = \dfrac{E'}{kN'} = \dfrac{140}{0.0375 \times 640} = 5.8\,[\text{A}]$

동일기계이므로 $k = \dfrac{E}{\phi N} = \dfrac{120}{4 \times 800} = 0.0375$

20 전기자 반작용이 직류 발전기에 영향을 주는 것을 설명한 것이다. 틀린 것은?

① 전기적 중성축을 이동시킨다.

② 자속을 감소시켜 부하시 전압강하의 원인이 된다.

③ 정류자 편간 전압이 불균일하게 되어 섬락의 원인이 된다.

④ 전류의 파형은 찌그러지나 출력에는 변화가 없다.

해설

전기자 반작용의 영향

$\phi \downarrow \begin{bmatrix} \text{발전기} : E\downarrow, \ V\downarrow, \ P\downarrow \ (\text{자속이 감소 시 기전력이 감소하므로 출력도 감소한다}) \\ \text{전동기} : N\uparrow, \ T\downarrow \end{bmatrix}$

(E : 기전력, V : 단자전압, P : 출력, N : 속도, T : 토크)

21 직류기의 전기자 반작용의 영향이 아닌 것은?

① 주자속이 증가한다.

② 전기적 중성축이 이동한다.

③ 정류작용에 악영향을 준다.

④ 정류자 편간 전압이 상승한다.

정답 19 ④ 20 ④ 21 ①

전기자 반작용의 영향

(1) 주자속의 감소

(2) 전기적 중성축의 이동

(3) 국부적 섬락의 발생

(4) 정류자 편간 전압의 상승 및 정류의 악영향

22 직류 발전기의 전기자 반작용을 줄이고 정류를 잘되게 하기 위한 가장 적절한 대책은?

① 리액턴스 전압을 크게 할 것

② 보극과 보상권선을 설치할 것

③ 브러시를 이동시키고 주기를 크게 할 것

④ 보상권선을 설치하여 리액턴스 전압을 크게 할 것

해설

전기자 반작용의 대책

보극을 설치하여 정류 코일 내에 유기되는 리액턴스 전압과 반대 방향으로 정류전압을 유기시켜 양호한 정류를 얻을 수 있으며, 보상권선을 설치하여 전기자 반작용을 제거할 수 있다.

23 직류기에서 정류코일의 자기 인덕턴스를 L이라 할 때 정류코일의 전류가 정류기간 T_c 사이에 I_c에서 $-I_c$로 변한다면 정류코일의 리액턴스 전압(평균값)은?

① $L\dfrac{2I_c}{T_c}$

② $L\dfrac{I_c}{T_c}$

③ $L\dfrac{2T_c}{I_c}$

④ $L\dfrac{T_c}{I_c}$

해설

$e_L = L \cdot \dfrac{di}{dt} \, [\text{V}]$에서

$\quad = L \cdot \dfrac{2I_c}{T_c} [\text{V}]$

정답 22 ② 23 ①

24 다음은 직류 발전기의 정류곡선이다. 이 중에서 정류 말기에 정류의 상태가 좋지 않은 것은?

① 1
② 2
③ 3
④ 4

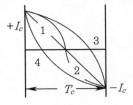

해설

① 직선 정류(가장 이상적인 정류곡선)
② 정현파 정류 ⎤ 불꽃 없는 정류

③ 부족 정류 – 정류 말기 : brush 뒤편에서 불꽃 (본 문제 정류곡선 3)
④ 과 정류 – 정류 초기 : brush 앞편에서 불꽃 (본 문제 정류곡선 4)

25 직류기에서 양호한 정류를 얻는 조건이 아닌 것은?

① 정류주기를 크게 한다.
② 전기자 코일의 인덕턴스를 작게 한다.
③ 평균 리액턴스 전압을 브러시 접촉면 전압강하보다 크게 한다.
④ 브러시의 접촉 저항을 크게 한다.

해설

양호한 정류를 얻으려면
A : brush 사이의 전압강하
B : 평균 리액턴스 전압
A > B

26 전압정류의 역할을 하는 것은?

① 보상권선   ② 리액턴스 코일
③ 보극   ④ 탄소브러시

해설

불꽃 없는 정류 ⎡ ① 저항정류 : 탄소 brush 사용하여 단락전류 제한
              ⎣ ② 전압정류 : 보극을 설치하여 평균리액턴스 전압 상쇄

정답 24 ③ 25 ③ 26 ③

27 직류기에 있어서 불꽃 없는 정류를 얻는 데 가장 유효한 방법은?

① 탄소브러시와 보상권선　　　② 보극과 탄소브러시
③ 자기포화와 브러시의 이동　　④ 보극과 보상권선

> **해설**
> 양호한 정류를 얻기 위한 방지책
> (1) 보극, 탄소 brush 설치
> (2) 리액턴스 전압을 낮게(인덕턴스 작게)
> (3) 정류주기를 길게 한다.
> (4) 회전속도를 작게 한다.
> (5) 단절권 사용
>
> "PS" 보극 – 정류작용
> 　　　보상권선 – 전기자 반작용 방지

28 다음 (　　) 안에 알맞은 것은?

> "직류 발전기에서 계자 권선이 전기자에 병렬로 연결된 직류기는 (　Ⓐ　) 발전기라 하며, 전기자 권선과 계자 권선에 직렬로 접속된 직류기는 (　Ⓑ　) 발전기라 한다."

① Ⓐ 분권, Ⓑ 직권　　　　② Ⓐ 직권, Ⓑ 분권
③ Ⓐ 복권, Ⓑ 분권　　　　④ Ⓐ 자여자, Ⓑ 타여자

> **해설**
> 직권과 분권
> (1) 직권 : 계자와 전기자가 직렬로 연결된 발전기
> (2) 분권 : 계자와 전기자가 병렬로 연결된 발전기

29 직류 발전기의 계자 철심에 잔류자기가 없어도 발전을 할 수 있는 발전기는?

① 타여자 발전기　　　　　② 분권 발전기
③ 직권 발전기　　　　　　④ 복권 발전기

30 무부하에서 자기 여자로 전압을 확립하지 못하는 직류 발전기는?

① 타여자 발전기　　　　　　　② 직권 발전기
③ 분권 발전기　　　　　　　　④ 차동 복권 발전기

해설
무부하시 직권 발전기는 $I_a = I = I_f = 0$이므로 전압을 확립하기가 어렵다.

31 계자 권선이 전기자에 병렬로만 연결된 직류기는?

① 분권기　　　　　　　　　　② 직권기
③ 복권기　　　　　　　　　　④ 타여자기

해설
계자 권선이 전기자에 병렬로 연결되어 있으면 분권기이다.

32 단자전압 220[V], 부하전류 50[A]인 분권 발전기의 유기 기전력은? (단, 여기서 전기자 저항은 0.2[Ω]이며 계자전류 및 전기자 반작용을 무시한다.)

① 210[V]　　　　　　　　　　② 215[V]
③ 225[V]　　　　　　　　　　④ 230[V]

해설
분권 발전기 $E = V + I_a R_a[V] = 220 + (50 \times 0.2) = 230\,[V]$
전기자 전류 $I_a = I + I_f = 50 + 무시 = 50\,[A]$

33 유기 기전력 210[V], 단자전압 200[V], 5[kW]인 분권 발전기의 계자저항이 500[Ω]이면 그 전기자 저항 [Ω]은?

① 0.2　　　　　　　　　　　　② 0.4
③ 0.6　　　　　　　　　　　　④ 0.8

정답 　30 ②　31 ①　32 ④　33 ②

해설
분권 발전기 $E = V + I_a R_a$[V]에서

$$R_a = \frac{E - V}{I_a} = \frac{210 - 200}{25.4} = 0.4$$

$$\mathrm{I + IF} = \frac{\mathrm{P}}{\mathrm{V}} + \frac{\mathrm{V}}{\mathrm{R\,f}} = \frac{5,000}{200} + \frac{200}{500} = 25.4[\mathrm{A}]$$

34 직류 가동 복권 발전기를 전동기로 사용하면 어느 전동기가 되는가?

① 직류 직권 전동기   ② 직류 분권 전동기

③ 직류 가동 복권 전동기   ④ 직류 차동 복권 전동기

해설
가동 복권 발전기
가동 복권 발전기의 경우 전동기로 사용 시 차동 복권 전동기가 된다.

35 직류 발전기의 무부하 포화곡선은 다음 중 어느 관계를 표시한 것인가?

① 계자전류 대 부하전류   ② 부하전류 대 단자전압

③ 계자전류 대 유기 기전력   ④ 계자전류 대 회전속도

해설
무부하 포화곡선은 직류 발전기가 정격속도의 무부하 상태에서 계자 전류의 변화에 따른 유기 기전력의 변화 관계를 나타내는 곡선이다.

36 직류 발전기의 외부 특성곡선에서 나타내는 관계로 옳은 것은?

① 계자전류와 단자전압   ② 계자전류와 부하전류

③ 부하전류와 유기 기전력   ④ 부하전류와 단자전압

해설
직류 발전기의 특성곡선
외부 특성곡선 : 부하전류와 정격전압(단자전압)과의 관계를 나타낸다.

37 직류 발전기의 특성곡선에서 각 축에 해당하는 항목으로 틀린 것은?

① 외부 특성곡선 : 부하전류와 단자전압

② 부하 특성곡선 : 계자전류와 단자전압

③ 내부 특성곡선 : 무부하전류와 단자전압

④ 무부하 특성곡선 : 계자전류와 유도 기전력

해설

직류 발전기의 특성곡선

(1) 무부하 특성곡선 : 유도 기전력과 계자전류

(2) 부하 특성곡선 : 정격전압과 계자전류

(3) 내부 특성곡선 : 유도 기전력과 정격전류

(4) 외부 특성곡선 : 정격전압과 정격전류

38 직류 분권 발전기를 서서히 단락상태로 하면 다음 중 어떠한 상태로 되는가?

① 과전류로 소손된다.　　　② 과전압이 된다.

③ 소전류가 흐른다.　　　　④ 운전이 정지된다.

해설

분권 발전기를 단락하면 전압의 저하로 작은 소전류가 발생한다.

39 직류 분권 발전기를 역회전하면?

① 발전되지 않는다.

② 정회전일 때와 마찬가지이다.

③ 과대 전압이 유기된다.

④ 섬락이 일어난다.

40 무부하 전압 220[V], 정격전압 200[V]인 발전기의 전압 변동률[%]은?

① 10
② 20
③ 30
④ 40

해설

전압 변동률 ϵ

$$\epsilon = \frac{V_0 - V_n}{V_n} \times 100\,[\%] = \frac{220 - 200}{200} \times 100\,[\%] = 10\,[\%]$$

41 200[kW], 200[V]의 직류 분권 발전기가 있다. 전기자 권선의 저항이 0.025[Ω]일 때 전압 변동률은 몇 [%]인가?

① 6.0
② 12.5
③ 20.5
④ 25.0

해설

전압 변동률 ϵ

$$\epsilon = \frac{V_0 - V_n}{V_n} \times 100\,[\%] = \frac{225 - 200}{200} \times 100 = 12.5\,[\%]$$

여기서 $V_0 = V + I_a R_a = 200 + \dfrac{200 \times 10^3}{200} \times 0.025 = 225\,[\text{V}]$

42 무부하에서 119[V]되는 분권 발전기의 전압 변동률이 6[%]이다. 정격 전부하 전압[V]은?

① 11.22
② 112.3
③ 12.5
④ 125

해설

$V_0 = 119\,[\text{V}]$, $\epsilon = 6\,[\%]$, $V = ?$

$$V = \frac{119}{1.06} = 112.3\,[\text{V}]$$

정답   40 ①   41 ②   42 ②

43 직류기에서 전압 변동률이 (+) 값으로 표시되는 발전기는?

① 과복권 발전기   ② 직권 발전기

③ 평복권 발전기   ④ 분권 발전기

해설

전압 변동률 ϵ

$\epsilon \oplus$: 분권, 타여자 발전기

ϵ 0 : 평복권($V_0 = V$) V_0 : 무부하 전압, V : 정격전압

44 직류 분권 발전기를 병렬운전을 위해서는 발전기 용량 P와 정격전압 V는?

① P는 임의, V는 같아야 한다.

② P와 V가 임의

③ P는 같고 V는 임의

④ P와 V가 모두 같아야 한다.

해설

직류 발전기 병렬운전조건

(1) 극성, 단자전압 일치(용량 무관)

(2) 외부 특성곡선이 수하특성일 것

(3) 균압선 설치 : 목적 – 안정운전(직권, 복권)

(4) $V = E_1 - I_1 R_1 = E_2 - I_2 R_2 [\text{V}]$

    $I = I_1 + I_2 [\text{A}]$

45 2대의 직류 발전기를 병렬운전할 때 필요조건 중 잘못된 것은?

① 정격전압이 같을 것   ② 극성이 일치할 것

③ 유도 기전력이 같을 것   ④ 외부 특성이 같을 것

해설

직류 발전기의 병렬운전 조건

(1) 극성이 같을 것

(2) 정격전압이 같을 것

(3) 수하특성일 것

정답   43 ④   44 ①   45 ③

46 직류 발전기를 병렬운전할 때 균압선이 필요한 직류기는?

① 분권 직류기, 직권 발전기　　　② 분권 발전기, 복권 발전기
③ 직권 발전기, 복권 발전기　　　④ 분권 발전기, 단극 발전기

47 A, B 두 대의 직류 발전기를 병렬운전하여 부하에 100[A]를 공급하고 있다. A 발전기의 유기 기전력과 내부 저항은 110[V]와 0.04[Ω]이고, B 발전기의 유기 기전력과 내부 저항은 112[V]와 0.06[Ω]이다. 이때 A 발전기에 흐르는 전류 [A]는?

① 4　　　　　　　　　　　　② 6
③ 40　　　　　　　　　　　④ 60

해설

$V = E_1 - I_1 R_1 = E_2 - I_2 R_2$

$\quad = 110 - 0.04 I_1 = 112 - 0.06 I_2$

$\quad = 110 - 0.04 I_1 = 112 - 0.06(100 - I_1)$

$4 = 0.1 I_1$

$I = I_1 + I_2 = 100 [A]$

$I_2 = 100 - I_1$ 대입

$I_1 = 40 [A]$

$I_2 = 60 [A]$

48 전기자 저항이 각각 $R_A = 0.1$[Ω]과 $R_B = 0.2$[Ω]인 100[V], 10[kW]의 두 분권 발전기의 유기 기전력을 같게 해서 병렬운전하여 정격전압으로 135[A]의 부하전류를 공급할 때 각 기의 분담전류[A]는?

① $I_A = 90,\ I_B = 45$　　　　② $I_A = 100,\ I_B = 35$
③ $I_A = 80,\ I_B = 55$　　　　④ $I_A = 110,\ I_B = 25$

해설

$V = E_1 - I_1 R_1 = E_2 - I_2 R_2$

$I = I_1 + I_2 = 135 [A]$

$E_1 = E_2$ 이므로 $I_1 R_1 = I_2 R_2$

$0.1 I_1 = 0.2 I_2 \quad I_1 = 2 I_2$

$I_1 + I_2 = 135$[A]이므로, $\quad 2 I_2 + I_2 = 135 [A]$

$3 I_2 = 135 \quad I_2 = 45 [A],\ I_1 = 90 [A]$

49 직류 발전기의 병렬운전에서 부하 분담의 방법은?

① 계자전류와 무관하다.

② 계자전류를 증가하면 부하분담은 감소한다.

③ 계자전류를 증가하면 부하분담은 증가한다.

④ 계자전류를 감소하면 부하분담은 증가한다.

해설

직류 발전기의 병렬운전 시 부하분담

직류 발전기의 병렬운전 조건의 경우 단자전압이 같아야 한다.

따라서 발전기의 계자전류를 증대시킬 유기 기전력은 증대한다.

$V = E - I_a R_a$이므로 I_a가 증가하여 부하분담이 증가한다.

50 용접용으로 사용되는 직류 발전기의 특성 중에서 가장 중요한 것은?

① 과부하에 견딜 것　　　　　　　② 전압 변동률이 적을 것

③ 경부하일 때 효율이 좋을 것　　　④ 전류에 대한 전압특성이 수하특성일 것

해설

용접용으로 사용되는 직류 발전기의 특성

전압변동이 크며, 수하특성이다.

51 직류 전동기의 역기전력에 대한 설명으로 틀린 것은?

① 역기전력은 속도에 비례한다.

② 역기전력은 회전 방향에 따라 크기가 다르다.

③ 역기전력이 증가할수록 전기자 전류는 감소한다.

④ 부하가 걸려 있을 때에는 역기전력은 공급전압보다 크기가 작다.

해설

역기전력 $E = V - I_a R_a$

$\qquad\qquad = k\phi N$

역기전력은 회전 방향과 크기에 영향을 받지 않는다.

52 단자전압 100[V], 전기자 전류 10[A], 전기자 회로의 저항 1[Ω], 정격속도 1,800[rpm]으로 전부하에서 운전하고 있는 직류 분권 전동기의 토크는 약 몇 [N·m]인가?

① 2.8   ② 3.0   ③ 4.0   ④ 4.8

해설

$$T = \frac{60E_c I_a}{2\pi N} = \frac{60 \times 90 \times 10}{2\pi \times 1800} = 4.77[\text{N} \cdot \text{m}]$$

$$E_c = V - I_a R_a = 100 - 10 \times 1 = 90[\text{V}]$$

53 직류 전동기의 역기전력이 200[V], 매분 1,200[rpm]으로 토크 16.2[kg·m]를 발생하고 있을 때의 전기자 전류는 몇 [A]인가?

① 120   ② 100

③ 80   ④ 60

해설

토크 $T = 0.975 \dfrac{P_m}{N} = 0.975 \dfrac{E \cdot I_a}{N}[\text{kg} \cdot \text{m}]$

$$16.2 = 0.975 \times \frac{200 I_a}{1,200}, \ I_a = 100[\text{A}]$$

54 직류 분권 전동기가 있다. 총도체수 100, 단중파권으로 자극수는 4, 자속수 3.14[Wb], 부하를 가하여 전기자에 5[A]가 흐르고 있으면 이 전동기의 토크[N·m]는?

① 400   ② 450

③ 500   ④ 550

해설

토크 $T = \dfrac{PZ}{2\pi a} \phi I_a[\text{N} \cdot \text{m}]$, 파권 : $a = 2 = b$

$$= \frac{4 \times 100}{2\pi \times 2} \times 3.14 \times 5 = 500[\text{N} \cdot \text{m}]$$

정답   52 ④   53 ②   54 ③

55 직류 분권 전동기의 단자전압과 계자전류를 일정하게 하고 2배의 속도로 2배의 토크를 발생하는 데 필요한 전력은 처음 전력의 몇 배인가?

① 불변   ② 2배   ③ 4배   ④ 8배

[해설]
전동기의 출력

$$T = 0.975 \frac{P}{N}$$

$P = N \times T$가 되므로 $P \propto NT = P = 2N \times 2T = 4$배가 된다.

56 직류 전동기 중 전기철도에 가장 적합한 전동기는?

① 분권 전동기   ② 직권 전동기

③ 복권 전동기   ④ 자여자 분권 전동기

[해설]
직류 전동기
직권 전동기의 경우 기동토크가 크고 속도가 작기 때문에 전기철도, 기중기 등에 적합하다.

57 전기자 저항 0.3[Ω], 직권 계자 권선의 저항 0.7[Ω]인 직권 전동기에 110[V]를 가하였더니 부하전류가 10[A]이었다. 이때 전동기의 속도[rpm]는? (단, 기계 정수는 2이다.)

① 1,200   ② 1,500

③ 1,800   ④ 3,600

[해설]
직권 전동기속도

$$N = k \frac{V - I_a(R_a + R_s)}{\phi} \times 60 [\text{rpm}]$$

$I_a = I$ 이므로

$$N = k \frac{V - I(R_a + R_s)}{I} \times 60 = 2 \times \frac{110 - 10(0.3 + 0.7)}{10} \times 60 = 1,200 [\text{rpm}]$$

정답   55 ③   56 ②   57 ①

58 정격속도 1,732[rpm]의 직류 직권 전동기의 부하 토크가 3/4으로 감소하였을 때 회전수 [rpm]는 대략 얼마인가? (단, 자기포화는 무시한다.)

① 1,155   ② 1,550

③ 1,750   ④ 2,000

> **해설**
>
> 직권 전동기 $T \propto I^2 \propto \dfrac{1}{N^2}$
>
> $$T \propto \frac{1}{N^2}$$
>
> $$1 \;:\; \frac{1}{(1,732)^2}$$
>
> $$\left(\frac{3}{4}\right) : \frac{1}{N^2} \qquad N = 2,000\,[\text{rpm}]$$

59 직류 직권 전동기의 회전수를 반으로 줄이면 토크는 약 몇 배인가?

① 1/4   ② 1/2

③ 4   ④ 2

> **해설**
>
> 직권 전동기 $T \propto \dfrac{1}{N^2} = \dfrac{1}{\left(\dfrac{1}{2}\right)^2} = 4$ 배

60 직류 직권 전동기에서 벨트(belt)를 걸고 운전하면 안 되는 이유는?

① 손실이 많아진다.

② 직결하지 않으면 속도제어가 곤란하다.

③ 벨트가 벗겨지면 위험속도에 도달한다.

④ 벨트가 마모하여 보수가 곤란하다.

> **해설**
>
> 위험속도가 되는 경우 – 직권 전동기 : 무부하 시
>
>   분권 전동기 : 무여자 시

정답   58 ④   59 ③   60 ③

61 직류 분권 전동기를 무부하로 운전 중 계자회로에 단선이 생겼다. 다음 중 옳은 것은?

① 즉시 정지한다.   ② 과속도로 되어 위험하다.

③ 역전한다.   ④ 무부하이므로 서서히 정지한다.

해설
계자회로에 단선 ⇒ 무여자 상태

62 직류 분권 전동기의 공급 전압 극성을 반대로 하면 회전 방향은 어떻게 되는가?

① 변하지 않는다.   ② 반대로 된다.

③ 회전하지 않는다.   ④ 속도가 증가된다.

63 직권 전동기의 전원극성을 반대로 하면?

① 회전 방향은 변하지 않는다.

② 반대 방향으로 된다.

③ 정지한다.

④ 속도가 과대하게 된다.

64 부하가 변하면 현저하게 속도가 변하는 직류 전동기는?

① 직권 전동기   ② 분권 전동기

③ 차동 복권 전동기   ④ 가동 복권 전동기

65 직류 분권 전동기의 기동시 계자전류는?

① 큰 것이 좋다.

② 정격출력 때와 같은 것이 좋다.

③ 작은 것이 좋다.

④ 0에 가까운 것이 좋다.

정답   61 ②   62 ①   63 ①   64 ①   65 ①

66 직류 분권 전동기의 기동시에는 계자 저항기의 저항값은 어떻게 해두는가?

① 0(영)으로 해 둔다.　　　　② 최대로 해 둔다.

③ 중위(中位)로 해 둔다.　　　④ 끊어 놔둔다.

67 다음 중 워드 레오나드 방식의 목적은?

① 정류 개선　　　　　　　　② 계자 자속 조정

③ 속도제어　　　　　　　　④ 병렬 운전

해설
직류 전동기의 속도제어
(1) 전압 제어(워드 레오나드, 일그너 방식)
(2) 계자 제어
(3) 저항 제어

68 부하전류가 100[A]일 때 회전속도 1,000[rpm]으로 10[kg·m]의 토크를 발생하는 직류 직권 전동기가 80[A]의 부하전류로 감소되었을 때의 토크는 몇 [kg·m]인가?

① 2.5　　　　　　　　　　② 3.6

③ 4.9　　　　　　　　　　④ 6.4

해설
직권 전동기의 토크와 전류의 관계
직권 전동기의 토크와 전기자 전류 $\tau \propto I_a^2$
$10 : 100^2 = \tau : 80^2$
$\tau = (\dfrac{800}{100})^2 \times 10 = 6.4[\text{kg}\cdot\text{m}]$

정답　**66** ①　**67** ③　**68** ④

69 다음 중에서 직류 전동기의 속도제어법이 아닌 것은?

① 계자 제어법 ② 전압 제어법

③ 저항 제어법 ④ 2차 여자법

해설

속도제어법

$$n = k\frac{V - I_a R_a}{\phi}$$

(1) 저항 제어법 – 효율 불량

(2) 계자 제어법 – 정출력 제어

(3) 전압 제어법 – 가장 광범위한 속도제어

  ㉠ 워드 레오나드 방식 – 소형 부하

  ㉡ 일그너 방식 – 부하변동이 심한 곳의 속도제어

        플라이 휠 효과 이용

        제강, 제철, 압연 등에 사용

70 직류 전동기의 속도제어법에서 정출력 제어에 속하는 것은?

① 전압 제어법 ② 계자 제어법

③ 워드 레오나드 제어법 ④ 전기자 저항 제어법

71 직류 전동기의 속도제어 방법 중 광범위한 속도제어가 가능하며 운전효율이 좋은 방법은?

① 계자 제어 ② 직렬저항 제어

③ 병렬저항 제어 ④ 전압 제어

72 워드 레오나드 방식과 일그너 방식의 차이점은?

① 플라이휠을 이용하는 점이다.

② 직류 전원을 이용하는 점이다.

③ 전동 발전기를 이용하는 점이다.

④ 권선형 유도 발전기를 이용하는 점이다.

정답 69 ④ 70 ② 71 ④ 72 ①

73 효율 80[%], 출력 10[kW] 직류 발전기의 전손실 [kW]은?

① 1.25   ② 1.5   ③ 2.0   ④ 2.5

해설

손실 = 입력 − 출력 = 12.5 − 10 = 2.5[kW]

효율 $\eta = \dfrac{\text{출력}}{\text{입력}}$, 입력 = $\dfrac{\text{출력}}{\text{효율}} = \dfrac{10}{0.8} = 12.5$[kW]

74 직류기의 효율이 최대로 되는 경우는?

① 기계손 = 전기자 동손   ② 와류손 = 히스테리시스손
③ 전부하 동손 = 철손   ④ 부하손 = 고정손

해설

직류기의 최대 효율조건 : 고정손 = 부하손

75 일정 전압으로 운전하고 있는 직류 발전기의 손실이 $\alpha + \beta I^2$으로 표시될 때 효율이 최대가 되는 전류는? (단, α, β 는 정수이다.)

① $\dfrac{\alpha}{\beta}$ ② $\dfrac{\beta}{\alpha}$ ③ $\sqrt{\dfrac{\alpha}{\beta}}$ ④ $\sqrt{\dfrac{\beta}{\alpha}}$

해설

전손실 = $\alpha + \beta I^2$에서 효율이 최대이므로 $\alpha = \beta I^2$, $I = \sqrt{\dfrac{\alpha}{\beta}}$ [A]

76 직류기의 온도시험에는 실부하법과 반환부하법이 있다. 이 중에서 반환부하법에 해당되지 않는 것은?

① 홉킨스법   ② 프로니 브레이크법
③ 블론델법   ④ 카프법

정답   **73** ④   **74** ④   **75** ③   **76** ②

77 직류기의 온도상승 시험방법 중 반환부하법의 종류가 아닌 것은?

① 카프법　　　　② 홉킨슨법　　　　③ 스코트법　　　　④ 블론델법

해설

직류기의 반환부하법

(1) 홉킨슨법

(2) 카프법

(3) 블론델법

78 대형 직류 전동기의 토크를 측정하는 데 가장 적당한 방법은?

① 와전류 제동기　　　　　　② 프로니 브레이크법

③ 전기 동력계　　　　　　　④ 반환부하법

해설

직류기 토크 측정법

① 대형기 – 전기 동력계

② 소형기 – 프로니 브레이크법, 와전류 제동기

79 전기기기에서 절연의 종류 중 B종 절연물의 최고 허용온도는 몇 [℃]인가?

① 90　　　　② 105　　　　③ 120　　　　④ 130

80 전기기기에 사용되는 절연물의 종류 중 H종 절연에 해당되는 최고 허용온도[℃]는?

① 105　　　　② 120　　　　③ 155　　　　④ 180

해설

절연물의 허용온도 종류(Y A E 배 츄 씨)

절연의 종류	Y	A	E	B	F	H	C
허용 최고 온도 [℃]	90	105	120	130	155	180	180 초과

정답 77 ③　78 ③　79 ④　80 ④

81 직류기에서 기계각의 극수가 P인 경우 전기각과의 관계는 어떻게 되는가?

① 전기각 $\times$ $2P$

② 전기각 $\times$ $3P$

③ 전기각 $\times \dfrac{2}{P}$

④ 전기각 $\times \dfrac{3}{P}$

해설
전기각

전기각 $=$ 기계각 $\times \dfrac{P}{2}$

기계각 $= \dfrac{전기각 \times 2}{P}$

82 극수가 24일 때, 전기각 $180°$에 해당되는 기계각은?

① $7.5°$

② $15°$

③ $22.5°$

④ $30°$

해설
기계각

기계각 $=$ 전기각 $\times \dfrac{2}{P}$

$= 180° \times \dfrac{2}{24} = 15°$

83 직류 직권 전동기에서 분류 저항기를 직권권선에 병렬로 접속해 여자전류를 가감시켜 속도를 제어하는 방법은?

① 저항 제어

② 전압 제어

③ 계자 제어

④ 직·병렬 제어

해설
직류 전동기의 속도제어 $n = k\dfrac{V - I_a R_a}{\phi}$

여기서 ϕ(여자)를 변화시켜 속도를 제어하는 방법은 계자 제어를 말한다.

정답 81 ③ 82 ② 83 ③

84 직류 분권 전동기의 전압이 일정할 때 부하토크가 2배로 증가하면 부하전류는 약 몇 배가 되는가?

① 1

② 2

③ 3

④ 4

해설

분권 전동기의 토크와 전류의 관계

$T \propto I$ 이므로 토크가 2배로 증가하면 전류도 2배로 증가한다.

85 직류 분권 전동기의 기동 시에 정격전압을 공급하면 전기자 전류가 많이 흐르다가 회전속도가 점점 증가함에 따라 전기자 전류가 감소하는 원인은?

① 전기자 반작용의 증가

② 전기자권선의 저항 증가

③ 브러시의 접촉저항 증가

④ 전동기의 역기전력 상승

해설

분권 전동기의 특성

기동 시 정격전압을 공급하면 전기자 전류가 많이 흐르다가 회전속도가 점점 증가하여 전기자 전류가 감소하는 이유는 전동기의 역기전력이 상승하기 때문이다.

86 1상의 유도 기전력이 6,000[V]인 동기 발전기에서 1분간 회전수를 900[rpm]에서 1,800[rpm]으로 하면 유도 기전력은 약 몇 [V]인가?

① 6,000

② 12,000

③ 24,000

④ 36,000

해설

유도 기전력

동기기의 유도 기전력 $E = 4.44 f \phi k_w N$ 으로서 회전수가 900에서 1,800으로 상승했다는 것은 주파수가 상승했다는 것을 의미한다.

따라서 유도 기전력은 주파수에 비례하므로 회전수가 2배 상승하였으므로 유도 기전력도 2배 상승하게 된다. 따라서 12,000[V]가 유기된다.

정답 84 ② 85 ④ 86 ②

chapter
02

동기기

02 CHAPTER 동기기

제1절 │ 동기 발전기 [교류 발전기] [회전 계자형] [Y결선]

01 구조

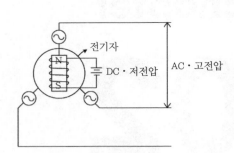

전기자
DC · 저전압
AC · 고전압

델압와류

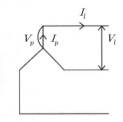

1) Y결선

① $V_l = \sqrt{3}\, V_p < 30°$

② $I_l = I_p$

2) △결선

① $V_l = V_p$

② $I_l = \sqrt{3}\, I_p < -30°$

(1) 회전 계자형을 쓰는 이유≒기전력의 파형 개선

(2) 전기자 권선을 Y결선으로 하는 이유 중 △결선과 비교했을 때 장점이 아닌 것은?
출력을 더욱 증대시킬 수 있다.

> **(1) 회전 계자형을 쓰는 이유**
> ① 기계적으로 튼튼하다.
> ② 절연이 용이하다.
> ③ 전기자 권선은 전압이 높고 결선이 복잡하여 인출선이 많다.
> ④ 계자 회로는 직류 저전압으로 소요전력이 적게 든다.
>
> **(2) 3상 시 전기자 권선을 Y(성형)결선 하는 이유**
> ① 이상전압을 방지할 수 있다.
> ② 상전압이 낮기 때문에 코로나 및 열화방지
> ③ 고조파 순환전류가 흐르지 않는다.

02 돌극기와 비돌극기의 차이점

	용도	속도	극수	단락비	리액턴스	최대 출력시 부하각 δ
돌극기(철극기)	수차발전기	저속	많다	크다	$x_d > x_q$	$60°$
비돌극기(비철극기) = 원통형 회전자	터빈발전기	고속	적다	작다	$x_d = x_q$	$90°$

03 동기속도 N_s

• 주파수 $f[\text{Hz}]$

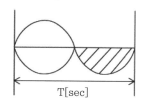

$$\omega = 2\pi f \begin{cases} 314 \quad f = 50 \\ 377 \quad f = 60 \end{cases}$$

$\omega = 2\pi n$

n : 회전수[rps]

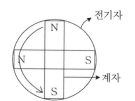

극수 2극짜리가 한바퀴 돌면 1[Hz]
극수 4극짜리가 한바퀴 돌면 2[Hz]

$$f = \frac{P}{2} \times n \qquad n = \frac{2f}{P} \times 60$$

$$\boxed{N_s = \frac{120f}{P} [\text{rpm}]}$$

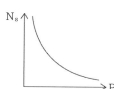

$$\boxed{\text{주변속도 } v = \pi D \frac{N_s}{60} [\text{m/s}]}$$

$$\boxed{v = \text{극수} \times \text{극간격} \times \frac{N_s}{60} [\text{m/s}]}$$

지름이 안 주어질 경우
극수 12
극간격 1[m]

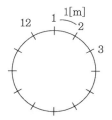

04 권선계수(권선법) ≠ 전절권, 집중권

권선계수 $k_w = k_p \times k_d = 0.9\text{xx} \times 0.9\text{xx}$
$= 0.8\text{xx}$가 답이 된다.

(1) 단절권 = ~~전절권~~

① 단절권 계수 k_p

$$k_p = \frac{단절권\ E의\ 합}{전절권\ E의\ 합} = \sin\frac{\beta\pi}{2} = 0.9\text{xx}$$

$$\beta = \frac{코일간격}{극간격} = \frac{코일간격}{s/p} < 1$$

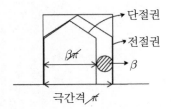

ex. 구멍수가 54개, 극수 6극

극과 극 사이의 간격 $= \dfrac{54}{6} = 9$

② 특징 ⟨ 동량이 감소(권선이 절약)
고조파를 제거하여 기전력의 파형개선

③ 5고조파 제거시 β의 크기 : 0.8

(2) 분포권 = ~~집중권~~

① 분포권 계수 k_d

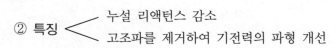

$$k_d = \frac{\sin\dfrac{n\pi}{2m}}{q\sin\dfrac{n\pi}{2mq}} = \frac{\dfrac{1}{2}}{q\sin\dfrac{\pi}{2mq}} = 0.9\text{xx}$$

q : 매극 매상당 슬롯수 $= \dfrac{s}{p \times m}$

  p   m   s

m : 상수(3)

② 특징 ⟨ 누설 리액턴스 감소
고조파를 제거하여 기전력의 파형 개선

③ 집중권 : q가 1개
분포권 : q가 2개 이상

05 동기 발전기의 유기 기전력 E = 유도기의 유기 기전력 ≒ 변압기의 유도 기전력

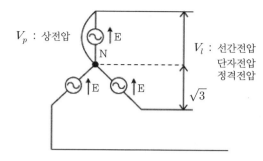

V_p : 상전압

V_l : 선간전압
단자전압
정격전압

$$V_l = \sqrt{3}\, V_p$$

$$V_l = \sqrt{3}\, E$$

$$E = \boxed{4.44 k_w \cdot f \cdot N \cdot \phi \,[\mathrm{V}]}$$

$$E = 4.44 f N B S \,(\text{변압기 쪽})$$

06 전기자 반작용

I (기준)

감자   감자

V : 전동기   발전기 E
증자   증자
(자화)   (자화)

I

I
직축반작용
θ

크기 : $I\sin\theta$

I

1) 횡축반작용 = 교차자화작용
   동위상
   크기 : $I\cos\theta$
2) 직축반작용 성분(크기):
   $I\sin\theta$

07 동기 발전기의 등가회로

(1) 동기 임피던스 Z_s

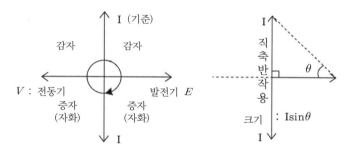

① $Z = R + jx = \sqrt{R^2 + x^2}$

$\downarrow$

$$Z_s = R_a + jx_s = R_a + j(x_a + x_l) = \sqrt{R_a^2 + (x_a + x_l)^2}$$

  0.1   10

$$Z_s \fallingdotseq x_s = (x_a + x_l)$$

(2) 1상당 출력 P(비돌극형) [kW]

3상당 출력 시

$$P = \frac{E \cdot V}{x_s} \sin\delta \times 10^{-3} \times \text{③}$$

• 돌극형 $\delta = 60°$ $x_d > x_q$
• 비돌극형 $\delta = 90°$

08 3상 단락곡선

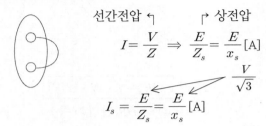

선간전압 ↰   ↱ 상전압

$$I = \frac{V}{Z} \Rightarrow \frac{E}{Z_s} = \frac{E}{x_s}\,[\mathrm{A}]$$

$$\frac{V}{\sqrt{3}}$$

$$I_s = \frac{E}{Z_s} = \frac{E}{x_s}\,[\mathrm{A}]$$

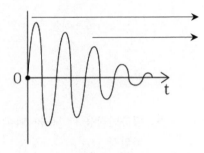

순간(돌발) 단락전류 제한 : 누설 리액턴스

지속 단락전류 제한 : 동기 리액턴스

단락 시 : 처음은 큰 전류이나 점차로 감소한다.

09 단락비 K_s

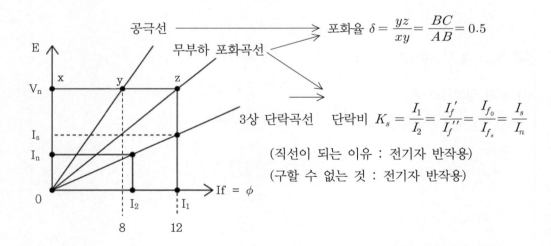

공극선 $\longrightarrow$ 포화율 $\delta = \dfrac{yz}{xy} = \dfrac{BC}{AB} = 0.5$

무부하 포화곡선

3상 단락곡선   단락비 $K_s = \dfrac{I_1}{I_2} = \dfrac{I_f'}{I_f''} = \dfrac{I_{f_0}}{I_{f_s}} = \dfrac{I_s}{I_n}$

(직선이 되는 이유 : 전기자 반작용)

(구할 수 없는 것 : 전기자 반작용)

• 동기 임피던스율 $\%Z_s$

$$\%Z_s = \frac{I_n \cdot Z_s}{V} \times 100 \Rightarrow \frac{I_n \cdot Z_s}{E} \times 100 = \frac{\dfrac{P}{\sqrt{3}\,V} \cdot Z_s}{\dfrac{V}{\sqrt{3}}} \times 100 = \frac{P \cdot Z_s}{V^2} \times 100$$

$$\%Z_s = \frac{I_n \cdot Z_s}{\dfrac{V}{\sqrt{3}}} \times 100 = \frac{\sqrt{3}\, I_n \cdot Z_s}{V} \times 100$$

$$\%Z_s = \frac{1}{K_s} = \frac{P \cdot Z_s}{V^2} = \frac{\sqrt{3}\, I_n Z_s}{V \ominus E} = \frac{I_n}{I_s}$$

선간으로 주어진다.

① 단락비
② 용량
③ 공식
④ 단락전류

(1) 단락비가 큰 기계(철기계)의 특징

① 안정도가 높다.
② 전압 변동률이 작다.
③ 용량이 커진다.
④ 효율이 나쁘다.
⑤ 동기 임피던스가 작다.

$$Z_s = x_s = w_L = 2\pi f L$$
$$\downarrow \quad \downarrow \quad \downarrow \quad \downarrow$$

(2) 안정도 향상 대책

① 속응 여자 방식 채용
② 단락비 크게
③ 관성 모멘트(플라이 휠 효과) 크게
④ 영상 Z, 역상 Z 크게
⑤ 정상 Z, 동기 Z 작게

10 전압 변동률 ϵ

$$\epsilon = \frac{V_0 - V_n}{V_n} \times 100$$

(1) 유도 부하 L : $\epsilon(+)$ $(V_0 > V_n)$

(2) 용량 부하 C : $\epsilon(-)$ $(V_0 < V_n)$

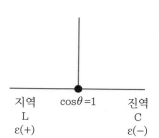

지역
L
ε(+)

$\cos\theta = 1$

진역
C
ε(−)

11 p.u법(단위법)

(1) ϵ < 61%, $x_s = 0.8[\text{p.u}]$
52%, $x_s = 0.6[\text{p.u}]$

(2) P < 10,000
17,800
18,889
21,360

$\epsilon = [\sqrt{\cos^2\theta + (\sin\theta + X_s[P \cdot U])^2} - 1] \times 100[\%]$

(전압 변동률)

$P_m^* = \dfrac{\sqrt{\cos^2\theta + (\sin\theta + X_s[P \cdot U])^2}}{X_s} \times P_n[KVA]$

(최대출력)

P_n : 정격출력

(3) $I = 113[\text{A}]$, $x_s = 1.00[\text{p.u}]$

12 동기 발전기의 병렬운전조건 ≠ 용량 · 출력 · 회전수 (키위주고파)

(1) 기전력의 크기가 같을 것 ≠ 무효 순환전류 발생(무효 횡류)

$I_c = \dfrac{V}{Z} = \dfrac{E_1 - E_2}{2Z_s} = \dfrac{E}{2Z_s}[\text{A}]$

기전력의 차

(2) 기전력의 위상이 같을 것 ≠ 유효 순환전류 발생(유효 횡류 = 동기화 전류)

① 동기화 전류 $I_s = \dfrac{E}{Z_s}\sin\dfrac{\delta}{2} =$ 천사 $= 100.4[\text{A}]$

② 수수전력 $P = \dfrac{E^2}{2Z_s}\sin\delta \times 10^{-3}$

③ 동기화력 $P = \dfrac{E^2}{2Z_s}\cos\delta$

$x_s \uparrow$
$\|$
Z_s
< ϵ (전압 변동률) $\uparrow$
P (동기화력) $\downarrow$

(3) 기전력의 주파수가 같을 것 ≠ 난조 발생 $\xrightarrow{\text{방지법}}$ 제동권선 설치

(4) 기전력의 파형이 같을 것 ≠ 고조파 무효 순환전류 발생

(5) 상회전 방향이 일치할 것

제2절 동기 전동기

01 동기 전동기의 기동법

(1) **자기동법**(기동 시 계자 권선을 단락시키는 이유 : 고전압 유도에 의한 절연파괴 위험방지)

(2) **기동 전동기법**

02 토크 T [kg · m]

$$T = 0.975 \frac{P}{N_s} [W]$$

$$P = \frac{T \cdot N_s}{0.975} = \boxed{1.026} N_s \cdot T [W]$$

↓   ↓   ↓   ↓

동기와트   상수 일정 토크

> 동기와트 = 토크

03 동기 전동기의 특징

(1) 속도가 일정하다.

(2) 역률 1로 운전할 수 있다(역률이 가장 좋다).

(3) 효율이 좋다.

(4) 역률을 조정할 수 있다.

04 위상특성곡선(V곡선)

- I_a와 I_f의 관계곡선 P : 일정,   V : 일정

- I_a가 최소 $\cos\theta = 1$

- I_f가 변화 $\bigg\langle \begin{matrix} \cos\theta \text{ 변화} \\ I_a \text{는 증가} \end{matrix}$

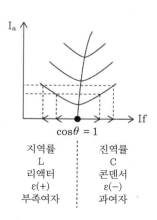

01 동기 발전기에 회전계자형을 사용하는 경우가 많다. 그 이유로 적합하지 않은 것은?

① 전기자보다 계자극을 회전자로 하는 것이 기계적으로 튼튼하다.
② 기전력의 파형을 개선한다.
③ 전기자 권선은 고전압으로 결선이 복잡하다.
④ 계자회로는 직류 저전압으로 소요전력이 작다.

해설
회전계자형
(1) 절연이 용이하고, 기계적으로 튼튼하다.
(2) 계자 권선의 전원이 직류전압으로 소요전력이 작다.
(3) 전기자 권선은 고전압으로 결선이 복잡하다.
　　"PS" 기전력의 파형개선 : 분포권, 단절권

02 동기 발전기 종류 중 회전계자형의 특징으로 옳은 것은?

① 고주파 발전기에 사용　　　　② 극소용량, 특수용으로 사용
③ 소요전력이 크고 기구적으로 복잡　　④ 기계적으로 튼튼하여 가장 많이 사용

해설
동기 발전기의 회전계자형
(1) 절연이 용이하고, 기계적으로 튼튼하다.
(2) 계자 권선의 전원이 직류저전압으로 소요전력이 작다.
(3) 전기자 권선은 고전압으로 결선이 복잡하다.

03 유도자형 동기 발전기의 설명으로 옳은 것은?

① 전기자만 고정되어 있다.　　　　② 계자극만 고정되어 있다.
③ 회전자가 없는 특수 발전기이다.　　④ 계자극과 전기자가 고정되어 있다.

해설
유도자형 동기 발전기
유도자형 동기 발전기는 계자극과 전기자가 고정되어 있는 발전기로 고주파 발전기로 사용된다.

정답 01 ② 02 ④ 03 ④

04 동기기(돌극형)에서 직축 리액턴스 x_d와 횡축 리액턴스 x_q는 그 크기 사이에 어떤 관계가 성립하는가? (단, x_s는 동기 리액턴스이다.)

① $x_q = x_d = x_s$　　　　　　　② $x_q > x_d$
③ $x_d > x_q$　　　　　　　　　④ $x_q = 2x_d$

해설
돌극형 : $x_d > x_q$
x_d : 직축반작용 리액턴스
x_q : 횡축반작용 리액턴스

05 극수 6, 회전수 1,000[rpm]의 교류 발전기와 병렬운전하는 극수 8의 교류 발전기의 회전수는?

① 500[rpm]　　　　　　　　　② 750[rpm]
③ 1,000[rpm]　　　　　　　　④ 1,500[rpm]

해설
$P = 6$, $N_s = 1,000\,[\text{rpm}]$
$P' = 8$, $N_s' = ?$
$N_s' = \dfrac{120}{P}f = \dfrac{120}{8} \times 50 = 750\,[\text{rpm}]$
주파수가 동일하므로 $f = \dfrac{N_s P}{120} = \dfrac{1,000 \times 6}{120} = 50\,[\text{Hz}]$

06 60[Hz] 12극 회전자 외경 2[m]의 동기 발전기에 있어서 자극면의 주변 속도[m/s]는?

① 30　　　　　　　　　　　　② 40
③ 50　　　　　　　　　　　　④ 60

해설
$v = \pi D \dfrac{N}{60} = 3.14 \times 2 \times \dfrac{600}{60} = 62.8\,[\text{m/s}]$
$N_s = \dfrac{120}{P}f = \dfrac{120}{12} \times 60 = 600\,[\text{rpm}]$

정답 **04** ③ **05** ② **06** ④

07 전기자 권선법이 아닌 것은?

① 분포권   ② 전절권

③ 2층권   ④ 중권

08 코일 피치와 극간격의 비를 β라 하면 동기기의 기본파 기전력에 대한 단절계수는 다음의 어느 것인가?

① $\sin\beta\pi$ ② $\sin\dfrac{\beta\pi}{2}$

③ $\cos\beta\pi$ ④ $\cos\dfrac{\beta\pi}{2}$

> **해설**
>
> 단절권 계수 $K_p = \sin\dfrac{1}{2}\beta\pi$
>
> $$\beta = \frac{코일간격}{극간격}$$

09 3상 동기 발전기에서 권선 피치와 자극 피치의 비를 $\dfrac{13}{15}$인 단절권으로 하였을 때의 단절권 계수는 얼마인가?

① $\sin\dfrac{13}{15}\pi$ ② $\sin\dfrac{15}{26}\pi$

③ $\sin\dfrac{13}{30}\pi$ ④ $\sin\dfrac{15}{13}\pi$

> **해설**
>
> 단절권 계수 $K_p = \sin\dfrac{1}{2}\beta\pi = \sin\dfrac{1}{2}\times\dfrac{13}{15}\pi$
>
> $$= \sin\frac{13}{30}\pi$$

정답   **07** ②   **08** ②   **09** ③

10 교류 발전기에서 권선을 절약할 뿐 아니라 특정 고조파분이 없는 권선은?

① 전절권   ② 집중권

③ 단절권   ④ 분포권

해설

분포권 – ① 고조파 감소시켜 기전력의 파형 개선
           ② 누설 리액턴스 감소

단절권 – ① 고조파 제거하여 기전력의 파형 개선
           ② 동량과 철량이 절약되고, 기계 길이가 축소된다.

11 3상 동기 발전기의 매극매상 슬롯수를 3이라 할 때 분포권 계수를 구하면?

① $6\sin\dfrac{\pi}{18}$ ② $3\sin\dfrac{\pi}{9}$

③ $\dfrac{1}{6\sin\dfrac{\pi}{18}}$ ④ $\dfrac{1}{3\sin\dfrac{\pi}{18}}$

해설

분포권 계수 $k_d = \dfrac{\sin\dfrac{\pi}{2m}}{q\sin\dfrac{\pi}{2mq}} = \dfrac{\sin\dfrac{\pi}{2\times3}}{3\sin\dfrac{\pi}{2\times3\times3}} = \dfrac{1}{6\sin\dfrac{\pi}{18}}$

      q : 매극매상당 슬롯수
      m : 상수

12 4극, 3상 동기기가 48개의 슬롯을 가진다. 전기자 권선 분포 계수 K_d를 구하면 약 얼마인가?

① 0.923   ② 0.945

③ 0.957   ④ 0.969

해설

분포권 계수 $k_d = \dfrac{\sin\dfrac{\pi}{2m}}{q\sin\dfrac{\pi}{2mq}} = \dfrac{\dfrac{1}{2}}{4\sin\dfrac{\pi}{24}} = \dfrac{1}{8\sin7.5} = 0.957$

      $q = \dfrac{S}{P\times m} = \dfrac{48}{4\times3} = 4$

정답   **10** ③   **11** ③   **12** ③

13 동기 발전기에서 기전력의 파형을 좋게 하고 누설 리액턴스를 감소시키기 위하여 채택한 권선법은?

① 집중권　　　② 분포권　　　③ 단절권　　　④ 전절권

14 동기 발전기의 권선을 분포권으로 하면?

① 집중권에 비하여 합성 유도 기전력이 높아진다.
② 권선의 리액턴스가 커진다.
③ 파형이 좋아진다.
④ 난조를 방지한다.

15 동기기의 전기자 권선법 중 단절권, 분포권으로 하는 이유 중 가장 중요한 목적은?

① 높은 전압을 얻기 위해서　　　② 일정한 주파수를 얻기 위해서
③ 좋은 파형을 얻기 위해서　　　④ 효율을 좋게 하기 위해서

16 3상 동기 발전기의 각 상의 유기 기전력 중에서 제5고조파를 제거하려면 코일간격 / 극간격을 어떻게 하면 되는가?

① 0.8　　　② 0.5　　　③ 0.7　　　④ 0.6

17 6극 60[Hz] Y 결선 3상 동기 발전기의 극당 자속이 0.16[Wb], 회전수 1,200[rpm], 1상의 감긴수 186, 권선계수 0.96이면 단자전압 [V]은?

① 13,183　　　② 12,254　　　③ 26,366　　　④ 27,456

해설

단자전압(=선간전압) $V = \sqrt{3}\,E$

$V = \sqrt{3} \times 4.44 f \phi k w.\omega [V]$

$\quad = \sqrt{3} \times 4.44 \times 60 \times 0.16 \times 0.96 \times 186$

$\quad = 13,183 [V]$

정답 13 ②　14 ③　15 ③　16 ①　17 ①

18 동기 발전기에서 앞선 전류가 흐를 때 다음 중 어느 것이 옳은가?

① 감자작용을 받는다.　　　　　　② 증자 작용을 받는다.
③ 속도가 상승한다.　　　　　　　④ 효율이 좋아진다.

19 동기 전동기에서 위상에 관계없이 감자작용을 할 때는 어떤 경우인가?

① 진전류가 흐를 때　　　　　　　② 지전류가 흐를 때
③ 동상전류가 흐를 때　　　　　　④ 전류가 흐를 때

20 동기 발전기에서 유기 기전력과 전기자 전류가 동상인 경우의 전기자 반작용은?

① 교차 자화 작용　　　　　　　　② 증자 작용
③ 감자 작용　　　　　　　　　　　④ 직축 반작용

21 동기 발전기에서 전기자 전류를 I, 유기 기전력과 전기자 전류와 위상각을 θ 라 하면 횡축 반작용을 하는 성분은?

① $I\cot\theta$　　　　② $I\tan\theta$　　　　③ $I\sin\theta$　　　　④ $I\cos\theta$

해설
전기자 반작용
(1) 횡축 반작용(교차자화작용) – 전기자 전류가 유기 기전력과 동위상 크기 : $I\cos\theta$
(2) 직축 반작용

　① 감자작용 : 전기자 전류가 유기 기전력보다 위상이 $\dfrac{\pi}{2}$ 뒤질 때 자속이 감소

　② 증자작용 : 전기자 전류가 유기 기전력보다 위상이 $\dfrac{\pi}{2}$ 앞설 때 자속이 증가

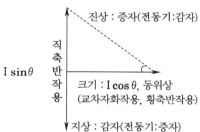

22 원통형 회전자를 가진 동기 발전기는 부하각 δ가 몇 도일 때 최대 출력을 낼 수 있는가?

① 0° ② 30°
③ 60° ④ 90°

해설
동기 발전기의 출력
$$P = \frac{EV}{X}\sin\delta \quad \delta = 90° \quad 단, 돌극기의 경우 60°$$

23 전기자저항 r = 0.2[Ω], 동기 리액턴스 X = 20[Ω]인 Y결선의 3상 동기 발전기가 있다. 3상 중 1상의 단자전압 V = 440V, 유도 기전력 E = 660V이다. 부하각 = 30°라고 하면 발전기의 출력은 약 몇 [kW]인가?

① 2,178 ② 3,251
③ 4,253 ④ 5,532

해설
동기기의 3상의 출력
$$P = 3 \times \frac{EV}{X_s}\sin\delta$$
$$= 3 \times \frac{660 \times 440}{20}\sin30° \times 10^{-3} = 2,178[kW]$$

24 동기기의 전기자 저항을 r, 전기자 반작용 리액턴스를 X_a, 누설 리액턴스를 X_ℓ라고 하면 동기 임피던스를 표시하는 식은?

① $\sqrt{r^2 + \left(\dfrac{X_a}{X_\ell}\right)^2}$ ② $\sqrt{r^2 + X_\ell^2}$

③ $\sqrt{r^2 + X_a^2}$ ④ $\sqrt{r^2 + (X_a + X_\ell)^2}$

해설
동기 임피던스의 표현 Z_s
동기 임피던스 $Z_s = \sqrt{r^2 + (X_a + X_\ell)^2}$

정답 22 ④ 23 ① 24 ④

25 동기기에서 동기 임피던스 값과 실용상 같은 것은? (단, 전기자 저항은 무시한다.)

① 전기자 누설 리액턴스
② 동기 리액턴스
③ 유도 리액턴스
④ 등가 리액턴스

해설

$Z_s = r_a + j\,x_s \fallingdotseq x_s$

동기 임피턴스는 실용상 동기 리액턴스와 같이 본다.

26 1상의 유기 전압 E [V], 1상의 누설 리액턴스 X [Ω], 1상의 동기 리액턴스 X_s [Ω]인 동기 발전기의 지속 단락전류[A]는?

① $\dfrac{E}{X}$

② $\dfrac{E}{X_s}$

③ $\dfrac{E}{X + X_s}$

④ $\dfrac{E}{X - X_s}$

27 3상 동기 발전기의 여자전류 5[A]에 대한 1상의 유기 기전력이 600[V]이고 그 3상 단락전류는 30[A]이다. 이 발전기의 동기 임피던스[Ω]는?

① 10
② 20
③ 30
④ 40

해설

단락전류

$I_s = \dfrac{E}{Z_s} = \dfrac{E}{X_s}$

$Z_s = \dfrac{E}{I_s} = \dfrac{600}{30} = 20\,[\Omega]$

28 동기 발전기의 동기 리액턴스는 3[Ω]이고 무부하 시의 선간전압이 220[V]이다. 그림과 같이 3상 단락되었을 때 단락전류[A]는?

① 24
② 42.3
③ 73.3
④ 127

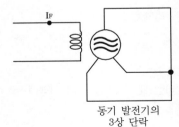

동기 발전기의
3상 단락

해설

$$I_s = \frac{E}{Z_s} = \frac{\frac{V}{\sqrt{3}}}{Z_s} = \frac{\frac{220}{\sqrt{3}}}{3} = 42.3\,[A]$$

$Z_s \fallingdotseq x_s = 3\,[\Omega]$

29 동기 발전기가 운전 중 갑자기 3상 단락을 일으켰을 때, 그 순간 단락전류를 제한하는 것은?

① 전기자 누설 리액턴스와 계자 누설 리액턴스
② 전기자 반작용
③ 동기 리액턴스
④ 단락비

30 동기 발전기의 돌발 단락전류를 주로 제한하는 것은?

① 동기 리액턴스
② 누설 리액턴스
③ 권선 저항
④ 역상 리액턴스

해설

x_s : 동기 리액턴스 – 지속 단락전류 제한($I_s = \dfrac{E}{x_s}\,[A]$)

x_ℓ : 누설 리액턴스 – 순간(돌발) 단락전류 제한

31 발전기의 단자 부근에서 단락이 일어났다고 하면 단락전류는?

① 계속 증가한다.
② 처음은 큰 전류이나 점차로 감소한다.
③ 일정한 큰 전류가 흐른다.
④ 발전기가 즉시 정지한다.

정답 28 ② 29 ① 30 ② 31 ②

32 무부하 포화곡선과 공극선을 써서 산출할 수 있는 것은?

① 동기 임피던스

② 단락비

③ 전기자 반작용

④ 포화율

33 그림은 3상 동기 발전기의 무부하 포화곡선이다. 이 발전기의 포화율은 얼마인가?

① 0.5

② 0.67

③ 0.8

④ 1.5

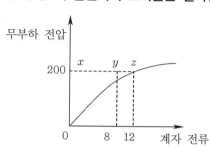

 해설

포화율 $\delta = \dfrac{포화정도}{정격전압} = \dfrac{yz}{xy} = \dfrac{4}{8} = 0.5$

34 3상 동기 발전기의 단락비를 산출하는 데 필요한 시험은?

① 외부 특성 시험과 3상 단락시험

② 돌발 단락시험과 부하시험

③ 무부하 포화 시험과 3상 단락시험

④ 대칭분의 리액턴스 측정 시험

해설

단락비 : 무부하 포화곡선과 3상 단락곡선으로부터 구할 수 있다.

$K_s = \dfrac{i_1}{i_2} = \dfrac{정격전압을\ 유기하는\ 데\ 필요한\ 여자전류}{정격전류와\ 같은\ 단락전류를\ 유기하는\ 데\ 필요한\ 여자전류}$

35 3상 교류 동기 발전기를 정격속도로 운전하고 무부하 정격전압을 유기하는 계자전류를 i_1, 3상 단락에 의하여 정격전류 I를 흘리는데 계자전류를 i_2라 할 때 단락비는?

① $\dfrac{I}{i_1}$

② $\dfrac{i_2}{i_1}$

③ $\dfrac{I}{i_2}$

④ $\dfrac{i_1}{i_2}$

정답 **32** ④ **33** ① **34** ③ **35** ④

36 동기 발전기의 단락시험, 무부하시험으로부터 구할 수 없는 것은?

① 철손　　　　　　　　　　　　　② 단락비
③ 전기자 반작용　　　　　　　　　④ 동기 임피던스

37 동기기의 3상 단락 곡선이 직선이 되는 이유는?

① 누설 리액턴스가 크므로　　　　② 자기포화가 있으므로
③ 무부하 상태이므로　　　　　　　④ 전기자 반작용으로

해설
3상 단락곡선이 전기자 반작용의 영향에 의해 직선화되었다.

38 동기기에 있어서 동기 임피던스와 단락비와의 관계는?

① 동기 임피던스[Ω] $= \dfrac{1}{(단락비)^2}$　　② 단락비 $= \dfrac{동기\ 임피던스[Ω]}{동기\ 각속도}$

③ 단락비 $= \dfrac{1}{동기\ 임피던스[p.u]}$　　④ 동기 임피던스[p.u] = 단락비

39 정격전압을 E[V], 정격전류를 I[A], 동기 임피던스를 Z_s[Ω]이라 할 때 퍼센트 동기 임피던스 $Z_s{'}$는? (이때, E[V]는 선간전압이다.)

① $\dfrac{I \cdot Z_s}{\sqrt{3}}E \times 100$　　　　　　　② $\dfrac{I \cdot Z_s}{3E} \times 100$

③ $\dfrac{\sqrt{3} \cdot I \cdot Z_s}{E} \times 100$　　　　　④ $\dfrac{I \cdot Z_s}{E} \times 100$

해설

$$\% Z_s = \frac{I_n Z_s}{E} \times 100 = \frac{I_n Z_s}{\dfrac{V}{\sqrt{3}}} \times 100 = \frac{\sqrt{3}\, I_n Z_s}{V} \times 100$$

E : 상전압,　V : 선간전압

정답　**36** ③　**37** ④　**38** ③　**39** ③

40 동기 발전기의 퍼센트 동기 임피던스가 83%일 때 단락비는 얼마인가?

① 1.0　　　　　　② 1.1　　　　　　③ 1.2　　　　　　④ 1.3

> 해설

$$\% Z_s = \frac{1}{k_s}, \ k_s = \frac{1}{\% Z_s} = \frac{1}{0.83} = 1.2$$

41 정격용량 10,000[kVA], 정격전압 6,000[V], 단락비 1.2인 동기 발전기의 동기 임피던스 [Ω]는?

① $\sqrt{3}$　　　　　　② 3　　　　　　③ $3\sqrt{3}$　　　　　　④ 3^2

> 해설

$$\frac{1}{K_s} = \frac{P_n Z_s}{V^2}$$

$$\frac{1}{1.2} = \frac{10^4 \times 10^3 \times Z_s}{(6,000)^2} \qquad Z_s = 3\,[\Omega]$$

42 8,000[kVA], 6,000[V]인 3상 교류 발전기의 % 동기 임피던스가 80[%]이다. 이 발전기의 동기 임피던스는 몇 [Ω]인가?

① 3.6　　　　　　② 3.2　　　　　　③ 3.0　　　　　　④ 2.4

> 해설

$$\% Z_s = \frac{1}{K_s} = \frac{P_n Z_s}{V^2} = \frac{I_n}{I_s} \times 100$$

$\% Z_s$: % 동기 임피던스, K_s : 단락비

Z_s : 동기 임피던스, I_n : 정격전류, I_s : 단락전류

$$\% Z_s = \frac{P_n Z_s}{V^2}$$

$$0.8 = \frac{8,000 \times 10^3 \times Z_s}{(6,000)^2}$$

$$Z_s = \frac{(6,000)^2 \times 0.8}{8,000 \times 10^3} = 3.6\,[\Omega]$$

정답　40 ③　41 ②　42 ①

43 정격전압 6,000[V], 용량 5,000[kVA]인 Y결선 3상 동기 발전기가 있다. 여자전류 200[A]에서 무부하 단자전압 6,000[V], 단락전류 600[A]일 때, 이 발전기의 단락비는?

① 0.25

② 1

③ 1.25

④ 1.5

해설 $\dfrac{1}{K_s} = \dfrac{I_m}{I_s} \rightarrow \dfrac{\frac{P}{\sqrt{3}\,V}}{I_s}$ 이므로, $\dfrac{1}{K_s} = \dfrac{\frac{5,000 \times 10^3}{\sqrt{3} \times 6,000}}{600}$

$K_s = 1.25$

44 3상 비돌극형 동기 발전기가 있다. 정격출력 5,000[kVA], 정격전압 6,000[V], 정격역률 0.8이다. 여자를 정격상태로 유지할 때 이 발전기의 최대출력은 약 몇 [kW]인가? (단, 1상 당의 동기 리액턴스는 0.8[PU]이며 저항은 무시한다.)

① 7,500

② 10,000

③ 11,500

④ 12,500

해설

동기 발전기의 출력

$P = \dfrac{EV}{X} \sin\delta = \dfrac{1.6 \times 1}{0.8} = 2$

$= 2 \times 5,000 = 10,000[kVA]$가 된다.

$E = \sqrt{(\cos\theta)^2 + (\sin\theta + X[PU])^2}$

$= \sqrt{(0.8)^2 + (0.6 + 0.8)^2} = 1.6$

여기서 $P = 5,000[kVA]$가 1[PU]기준이며, V 역시 1[PU]가 되므로

45 동기 발전기의 자기여자 현상 방지법이 아닌 것은?

① 발전기 2대 또는 3대를 병렬로 모선에 접속한다.

② 수전단에 동기 조상기를 접속한다.

③ 송전선로의 수전단에 변압기를 접속한다.

④ 발전기의 단락비를 적게 한다.

해설

동기 발전기의 자기여자 현상

진상전류에 의한 장해로서 그 방지법은 다음과 같다.

(1) 발전기의 단락비를 크게 한다.

(2) 수전단에 리액턴스를 병렬로 접속한다.

(3) 변압기를 접속한다.

(4) 동기 조상기를 부족여자 운전한다.

(5) 발전기를 병렬로 모선에 접속한다.

46 단락비가 큰 동기기는?

① 안정도가 높다.　　　　　　② 전압 변동률이 크다.

③ 기계가 소형이다.　　　　　④ 반작용이 크다.

해설

단락비가 크다(=철의 기계).

전압 변동률, 효율 ↓

안정도, 송전선 충전용량 ↑

47 동기기의 구성 재료가 구리(Cu)가 비교적 적고 철(Fe)이 비교적 많은 기계는?

① 단락비가 작다.　　　　　　② 단락비가 크다.

③ 단락비와 무관하다.　　　　④ 전압 변동률이 크다.

해설

단락비가 크다(=철의 기계).

전압 변동률, 효율 ↓

안정도, 송전선 충전용량 ↑

48 전압 변동률이 작은 동기 발전기는?

① 동기 리액턴스가 크다.　　　② 전기자 반작용이 크다.

③ 단락비가 크다.　　　　　　④ 값이 싸진다.

해설

단락비가 크다(=철의 기계).

전압 변동률, 효율 ↓

안정도, 송전선 충전용량 ↑

정답　46 ①　47 ②　48 ③

49 정격출력 10,000[kVA], 정격전압 6,600[V], 정격역률 0.8인 3상 동기 발전기가 있다. 동기 리액턴스 0.8[p.u]인 경우의 전압 변동률 [%]은?

① 13　　　　　　② 20　　　　　　③ 25　　　　　　④ 61

해설

$$\epsilon = [\sqrt{\cos^2\theta + (\sin\theta + X_s[\text{p}\cdot\text{u}]^2)} - 1] \times 100$$
$$= [\sqrt{(0.8)^2 + (0.6 + 0.8)^2} - 1] \times 100 = 61[\%]$$

50 단락비가 큰 동기 발전기에 관한 설명 중 옳지 않은 것은?

① 전압 변동률이 크다.　　　　② 전기자 반작용이 작다.
③ 과부하 용량이 크다.　　　　④ 동기 임피던스가 작다.

해설

단락비가 큰 경우
(1) 안정도가 크다.
(2) 동기 임피던스가 작다.
(3) 전압 변동률이 작다.
(4) 전기자 반작용이 작다.
(5) 과부하 내량이 크다.
(6) 효율이 나쁘고 기기의 치수가 대형이다.

51 동기기의 과도 안정도를 증가시키는 방법이 아닌 것은?

① 속응 여자 방식을 채용한다.　　② 회전부의 관성을 크게 한다.
③ 단락비를 크게 한다.　　　　　　④ 정상 리액턴스를 크게 한다.

해설

동기기의 과도 안정도를 증가시키는 방법
(1) 회전부의 관성을 크게 한다.
(2) 속응 여자 방식을 채용한다.
(3) 단락비를 크게 한다.
(4) 정상리액턴스를 작게 하고, 동기탈조계전기를 사용한다.

정답 | 49 ④　50 ①　51 ④

52 동기 발전기의 병렬운전에서 특히 같게 할 필요가 없는 것은?

① 기전력 ② 주파수 ③ 임피던스 ④ 전압 위상

해설

동기 발전기의 병렬운전 조건

① 기전력의 크기가 같을 것 → 무효 순환전류(무효 횡류) 발생
② 기전력의 위상이 같을 것 → 동기화 전류(유효 횡류) 발생
③ 기전력의 주파수가 같을 것 → 난조 발생
④ 기전력의 파형이 같을 것 → 고조파 순환전류 발생

"PS" 무효 순환전류 $I_c = \dfrac{E_r}{2Z_s}$ [A] E_r : 기전력의 차

난 조 : 부하가 급변하는 경우 회전속도가 동기속도를 중심으로 진동하는 현상
원 인 : ① 부하의 급변
　　　　② 조속기 감도 예민
　　　　③ 전기자 저항이 너무 클 때
방지법 : 제동권선 설치

53 동기 발전기 2대로 병렬운전할 때 일치하지 않아도 되는 것은?

① 기전력의 크기　　② 기전력의 위상
③ 부하전류　　④ 기전력의 주파수

54 2대의 동기 발전기를 병렬운전할 때 무효 횡류(무효 순환전류)가 흐르는 경우는?

① 부하 분담의 차가 있을 때　　② 기전력의 파형에 차가 있을 때
③ 기전력의 위상차가 있을 때　　④ 기전력 크기에 차가 있을 때

55 병렬운전을 하고 있는 두 대의 3상 동기 발전기 사이에 무효 순환전류가 흐르는 경우는?

① 여자전류의 변화　　② 원동기의 출력 변화
③ 부하의 증가　　④ 부하의 감소

56 병렬운전하는 두 동기 발전기에서 스위치를 투입할 때 다음과 같은 경우 동기화 전류가 흐르는 것은 두 발전기의 기전력이 어떠할 때인가?

① 기전력의 파형이 다를 때
② 부하 분담의 차가 있을 때
③ 기전력의 크기가 다를 때
④ 기전력의 위상에 차가 있을 때

57 2대의 3상 동기 발전기를 동일한 부하로 병렬운전하고 있을 때 대응하는 기전력 사이에 60°의 위상차가 있다면 한 쪽 발전기에서 다른 쪽 발전기에 공급되는 1상당 전력은 약 몇 [kW]인가? (단, 각 발전기의 기전력(선간)은 3,300[V], 동기 리액턴스는 5[Ω]이고 전기자 저항은 무시한다.)

① 181
② 314
③ 363
④ 720

해설
동기기의 수수전력

$$\frac{E^2}{2Z_s}\sin\delta = \frac{(\frac{3,300}{\sqrt{3}})^2}{2\times5}\sin60° \times 10^{-3} = 314[\text{kW}]$$

58 부하 급변 시 부하각과 부하 속도가 진동하는 난조 현상을 일으키는 원인이 아닌 것은?

① 전기자 회로의 저항이 너무 큰 경우
② 원동기의 토크에 고조파가 포함된 경우
③ 원동기의 조속기 감도가 너무 예민한 경우
④ 자속의 분포가 기울어져 자속의 크기가 감소한 경우

해설
동기기의 난조의 원인
(1) 전기자 회로의 저항이 너무 큰 경우
(2) 조속기의 감도가 너무 예민한 경우
(3) 원통기의 토크에 고조파가 포함된 경우

59 동기 발전기에 설치된 제동권선의 효과로 틀린 것은?

① 난조 방지

② 과부하 내량의 증대

③ 송전선의 불평형 단락 시 이상전압 방지

④ 불평형 부하 시의 전류, 전압 파형의 개선

해설

제동권선의 효과

난조를 방지하며, 이상전압 및 불평형 시 파형을 개선한다.

60 3상 동기 발전기의 자극면에 제동 권선을 설치하는 이유는 무엇인가?

① 출력 증가   ② 역률 개선

③ 난조 방지   ④ 효율 개선

61 동기 전동기의 여자전류를 증가하면 어떤 현상이 생기는가?

① 전기자 전류의 위상이 앞선다.

② 난조가 생긴다.

③ 토크가 증가한다.

④ 앞선 무효전류가 흐르고 유도 기전력은 높아진다.

62 동기 조상기의 계자를 과여자로 해서 운전할 경우 틀린 것은?

① 콘덴서로 작용한다.

② 위상이 뒤진 전류가 흐른다.

③ 송전선의 역률을 좋게 한다.

④ 송전선의 전압강하를 감소시킨다.

해설

동기 조상기의 운전방식

과여자 : 콘덴서 작용(진상전류)

부족여자 : 리액터 작용(지상전류)

정답 59 ② 60 ③ 61 ① 62 ②

63 60[Hz], 600[rpm]의 동기 전동기에 직결된 기동용 유도 전동기의 극수는?

① 6   ② 8   ③ 10   ④ 12

해설

동기 전동기의 기동용 유도 전동기의 극수

동기 전동기의 기동 시 사용되는 유도 전동기의 극수는 2극을 적게 설계한다.

$$P = \frac{120}{N_s} f = \frac{120}{600} \times 60 = 12[극]$$

따라서 2극을 적게 설계하면 10극이 된다.

64 전압이 일정한 모선에 접속되어 역률 1로 운전하고 있는 동기 전동기를 동기 조상기로 사용하는 경우 여자전류를 증가시키면 이 전동기는 어떻게 되는가?

① 역률은 앞서고, 전기자 전류는 증가한다.
② 역률은 앞서고, 전기자 전류는 감소한다.
③ 역률은 뒤지고, 전기자 전류는 증가한다.
④ 역률은 뒤지고, 전기자 전류는 감소한다.

해설

동기 전동기의 위상특성곡선

여자전류를 증가시키면 역률은 앞서고, 전기자 전류가 증가한다.

65 정격출력 10,000[kVA], 정격전압 6,600[V], 정격역률 0.8인 3상 비돌극 동기 발전기가 있다. 여자를 정격상태로 유지할 때 이 발전기의 최대 출력은 약 몇 [kW]인가? (단, 1상의 동기 리액턴스를 0.9[pu]라 하고 저항은 무시한다.)

① 17,089   ② 18,889
③ 21,259   ④ 23,619

해설

발전기의 출력

$$P = \frac{EV}{X_s} \sin\delta = 10,000 \times \frac{1.7 \times 1}{0.9} = 18,889[kW]$$

$$E = \sqrt{(\cos\theta)^2 + (\sin\theta + X_s)^2}$$

$$= \sqrt{0.8^2 + (0.6 + 0.9)^2} = 1.7$$

chapter
03

유도기

유도기

제1절 3상 유도 전동기

01 슬립 s

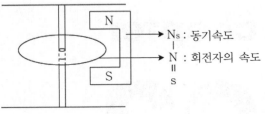

N_s : 동기속도

N : 회전자의 속도

$s = \dfrac{N_s - N}{N_s}$ $N_s = \dfrac{120f}{P}$

$\therefore s = \dfrac{N_s - N}{N_s} = \dfrac{E_{2s}}{E_2} = \dfrac{f_{2s}}{f_2} = \dfrac{P_{2c}}{P_2}$

① ② ③ ④

2차동손 구리손

P_{2c} 회전 시

P_2 정지 시

02 회전자의 속도 N

$s = \dfrac{N_s - N}{N_s}$

$N_s - N = sN_s$

$- N = sN_s - N_s$

$N = N_s - sN_s$

$N = (1-s)N_s = (1-s)\dfrac{120f}{P}[\text{rpm}]$

유도기가 동기기에 비해서
극수가 2극만큼 적은 이유?
속도가 sN_s 만큼 늦기 때문에

03 슬립의 범위

(1) 전동기 $0 < s < 1$

(2) 발전기 $s < 0$

(3) 제동기(역상기) $1 < s < 2,\ \ 2 - s$

↳ 1.97

$s = \dfrac{N_s - (-N)}{N_s} = \dfrac{N_s + N}{N_s}$

$= 1 + \dfrac{N}{N_s} = 1 + 1 - s = 2 - s$

04 회전 시 권수비 α'

• 유기 기전력

$E = 4.44 k_w f N \phi$

(1) 정지 시 권수비 α

$$\alpha = \frac{E_1}{E_2} = \frac{4.44 k_{w_1} f N_1 \phi}{4.44 k_{w_2} f N_2 \phi} = \frac{k_{w_1} N_1}{k_{w_2} N_2}$$

(2) 회전 시 권수비 α'

$$\alpha' = \frac{E_1}{E_{2s}} = \frac{4.44 k_{w_1} f N_1 \phi}{s\,4.44 k_{w_2} f N_2 \phi} = \boxed{\frac{k_{w_1} N_1}{s\,k_{w_2} N_2}} = \boxed{\frac{\alpha}{s}}$$

05 1차 1상으로 환산한 I_1

상수비 β, 권수비 α, $I_1 = ?$

$$\beta = \frac{m_1}{m_2} \qquad \alpha = \frac{k_{w_1} N_1}{k_{w_2} N_2} = \frac{I_2}{I_1}$$

$$\frac{m_1}{m_2} \cdot \frac{k_{w_1} N_1}{k_{w_2} N_2} = \frac{I_2}{I_1} \qquad I_1 = \frac{m_2}{m_1} \cdot \frac{k_{w_2} N_2}{k_{w_1} N_1} \cdot I_2 = \boxed{\frac{I_2}{\beta \cdot \alpha}}$$

06 회전 시 2차전류 I_{2s}

$$I_2 = \frac{\cancel{V_2}}{Z_2} \Rightarrow E_2$$

$$I_{2s} = \frac{E_{2s}}{Z_{2s}} = \frac{s\,E_2}{\sqrt{r_2^2 + (sx_2)^2}} \times \frac{\frac{1}{s}}{\frac{1}{s}} = \boxed{\frac{E_2}{\sqrt{\left(\dfrac{r_2}{s}\right)^2 + x_2^2}}} \fallingdotseq 43\,[\text{A}]$$

$$x = x_L = \omega_L = 2\pi f L$$

주파수가 존재하기 때문에 회전 시 조건에 의해 슬립이 들어간다.

07 2차 출력 정수 = 등가저항

$$R = r_2 \left(\frac{1}{s} - 1\right)$$

$$\begin{array}{l} \longrightarrow \quad 4[\%] \Rightarrow 24 r_2 \\ \longrightarrow \quad 5[\%] \Rightarrow 19 r_2 \end{array}$$

08 전력의 변환

P_0 : 출력 　　　 P_2 : 입력 　　　 P_{2c} : 동손

(1) 출력 = 입력 − 동손

$$P_0 = P_2 - P_{2c} = P_2 - sP_2 = (1-s)P_2 = \left(\frac{N}{N_s}\right)P_2 = \left(\frac{1-s}{s}\right)P_{2c}$$

$$P_{2c} = \boxed{sP_2}$$

$$s = \frac{P_{2c}}{P_2} \qquad P_2 = \boxed{\frac{P_{2c}}{s}}$$

$$\therefore P_0 = P_2 - P_{2c} = (1-s)P_2 = \left(\frac{N}{N_s}\right)P_2 = \left(\frac{1-s}{s}\right)P_{2c}$$

(2) 2차 동손

$$P_{2c} = (\frac{s}{1-s})(P_0 + P_m) \Rightarrow 475[\text{W}]$$
$$\downarrow$$
$$\text{기계손}$$

(3) 2차 효율 η_2

기계손이 주어지면
$$(P_0 + P_m)$$

$$\eta_2 = \frac{출력}{입력} = \frac{\boxed{P_0}}{P_2} = \frac{(1-s)P_2}{P_2} = 1-s = \frac{N}{N_2} = \frac{\omega}{\omega_s(\omega_0)} = \frac{2\pi N}{2\pi N_s}$$

(4) 비례관계

$$P_2 : P_0 : P_{2c} = 1 : 1-s : s$$

P_2가 기준 $P_2 : (1-s)P_2 : sP_2$

09 토크 T [N · m] [kg · m]

$$T = \frac{60P}{2\pi N}[\text{N·m}]$$
$$T = 0.975\frac{P}{N}[\text{kg·m}]$$

입력
$\dfrac{P_2}{N_s}$

1) $T = \dfrac{60\boxed{P_2}}{2\pi N_s}[\text{N·m}]$

2) $T = 0.975\dfrac{\boxed{P_2}}{N_s}[\text{kg·m}]$

동기와트 　　 $T \propto P_2 \propto \dfrac{1}{N_s}$

$$출력 \begin{cases} 3) \quad T = \dfrac{60P_0}{2\pi N} [\text{N} \cdot \text{m}] \\[4mm] 4) \quad T = 0.975 \dfrac{P_0}{N} [\text{kg} \cdot \text{m}] \end{cases}$$

$\dfrac{P_0}{N}$

$$T = \dfrac{P_0}{\omega} = \dfrac{P_0}{2\pi \dfrac{N}{60}} = \dfrac{P_0}{\dfrac{2\pi}{60}(1-s)N_s} = \dfrac{P_0}{\dfrac{2\pi}{60}(1-s)\dfrac{120f}{P}}$$

$$\boxed{P_0 (기계적 출력) = T \cdot (1-s) \cdot \dfrac{4\pi f}{P}}$$

$$P_0 \ \alpha f \ , \ T \propto P \ (극수)$$

(1) 비례관계

$$T = \dfrac{P_2}{\omega_s} = \left(\dfrac{1}{\omega_s}\right)^{\nearrow K} E_2 \cdot I_2 \cdot \cos\theta_2$$

$$= K \cdot E_2 \cdot \dfrac{sE_2}{\sqrt{r_2^2 + (sx_2)^2}} \cdot \dfrac{R_2}{\sqrt{r_2^2 + (sx_2)^2}}$$

$$\boxed{T = K \cdot \dfrac{sE_2^2 \cdot R_2}{r_2^2 + (sx_2)^2}} \qquad T \propto V^2 \propto \dfrac{1}{s}$$

$$s \propto \dfrac{1}{V^2}$$

(2) 최대 토크 시 슬립의 크기

$$T = K \cdot \dfrac{sE_2^2 \cdot R_2}{\boxed{r_2^2 + (sx_2)^2}}$$

$\uparrow \infty$ $\neq 0$ $r_2^2 = (sx_2)^2$

            $= 1$ $s = \dfrac{r_2}{x_2}$ $s \propto r_2$ T_m : 일정

                                                     (변하지 않는다)

🔟 비례추이 : 3상 권선형 유도 전동기

     ↳ 비례추이 할 수 없는 것은? 출력·효율·2차 동손·동기속도·저항

1️⃣1️⃣ 원선도

(1) 원선도 작성 시 필요한 시험 ≠ 슬립측정

     ① 권선의 저항 측정 시험

     ② 무부하(개방) 시험

     ③ 구속 시험

(2) 역률과 효율

① 역률 $= \dfrac{OP'}{OP}$

② 2차 효율 $= \dfrac{\overline{DP}}{\overline{CP}} = \dfrac{\overline{PQ}}{\overline{PR}}$

③ 원선도의 지름 $= \dfrac{E}{X} = \dfrac{V_1}{X}$

(3) 구할 수 없는 것은? 기계적 출력, 기계손

12 속도제어법 ≠ 1차 저항법

(1) 농형

① 주파수 제어법 : 선박의 전기 추진·인견공업의 포트모터

    ↳ 역률이 우수

② 극수 변환법

③ 전압 제어법 : SCR 위상각

(2) 권선형 + 분권 ──────── < 저항으로 속도 조정이 된다.
                                                               속도 변동률이 작다.

① 2차 저항법 : 비례추이

    ↳ 구조가 간단, 조작이 용이

② 종속법

   ⊙ 직렬종속 $= \dfrac{120f}{P_1 \oplus P_2}$ ➡ 합

   ⓛ 병렬종속 $= \dfrac{120f}{P_1 + P_2} \times 2 = \dfrac{240f}{P_1 + P_2}$

   ⓒ 차동종속 $= \dfrac{120f}{P_1 - P_2}$

③ 2차 여자법 : 슬립 주파수의 전압을 가하여 속도를 제어

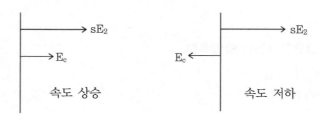

13 기동법

(1) 농형

① 직입 기동(전전압 기동) : 5(kW) 이하

② Y-△ 기동 : 5~15(kW) 정도

③ 기동 보상기법 : 15(kW) 이상

④ 리액터 기동

(2) 권선형

① 2차 저항 기동

② 게르게스법

14 유도기의 이상현상

(1) 크로링 현상 ⇒ 농형 유도 전동기

소음 발생 ⇒ 사구채용
　　　　　　　방지책

고정자와 회전자 슬롯수가 적당하지 않을 경우
소음이 발생하는 현상

(2) 게르게스 현상 ⇒ 권선형 유도 전동기

전류에 고조파가 포함되어 3상 운전 중 1선의 단선사고가 일어나는 현상

① 영향 : 속도가 감소하며, 운전은 지속되나 전류가 증가하며 소손의 우려가 있다.

② s = 0.5 수준으로 계속 운전

15 고조파 차수 h

(1) 기본파와 같은 방향 (+)

$h = 3n + 1$　　　　(13고조파)

(2) 기본파와 반대 방향 (−)

$h = 3n - 1$　　　　(5고조파)

(3) 회전자계가 발생하지 않는다.

$h = 3n$　　　　(9고조파)

(4) 속도

$\dfrac{1}{h}$의 속도

제2절 | 단상 유도 전동기

* 기동토크 大 → 小   반 → 콘 → 분 → 세

반발 기동형 → 반발 유도형 → 콘덴서 기동형 → 분상 기동형 → 세이딩 코일형

↳ 브러시 기동   ↳ 기동토크가 크고   ↳ R:大
                        역률이 우수   X:小
                        소음이 작다.

제3절 | 유도 전압 조정기

01 단상 유도 전압 조정기[단권 변압기]

(1) 교번자계
(2) 위상차가 없다.
(3) 단락권선이 필요
       ↳ 누설 리액턴스에 의한 전압강하 경감
(4) $P_2 = E_2 I_2 \times 10^{-3}$ [kVA]
       ↳ 조정전압 100 ± 30

02 3상 유도 전압 조정기[3상 유도 전동기]

(1) 회전자계
(2) 위상차가 있다.
(3) 단락권선 ×
(4) $P_2 = \sqrt{3} E_2 I_2 \times 10^{-3}$ [kVA]
       ↳ 조정전압

03 조정 범위

(1) $V_2 = V_1 + E_2 \cos\alpha = 350$ [V] V_1 : 전원전압
(2) $V_1 \pm E_2$ 까지 E_2 : 2차 권선의 유기전압
(3) $V_1 + E_2$ 에서 $V_1 - E_2$ 까지 α : 1차와 2차 권선의 축 사이의 각도

01 유도 전동기로 동기 전동기를 기동하는 경우, 유도 전동기의 극수를 동기 전동기의 극수보다 2극 적게 하는 이유는? (단, N_s 는 동기속도, s 는 슬립이다.)

① 같은 극수로는 유도기가 동기속도보다 $s N_s$ 만큼 늦으므로
② 같은 극수로는 유도기가 동기속도보다 $(1 - s) N_s$ 만큼 늦으므로
③ 같은 극수로는 유도기가 동기속도보다 $s N_s$ 만큼 빠르므로
④ 같은 극수로는 유도기가 동기속도보다 $(1 - s) N_s$ 만큼 빠르므로

해설

$$s = \frac{N_s - N}{N_s}$$

$N_s - N = s N_s$ 이므로 유도 전동기 회전속도 N 보다 $s N_s$ 만큼 늦는다.

02 유도 전동기의 슬립이 커지면 커지는 것은?

① 회전수 　　　　　　　　② 권수비
③ 2차 효율 　　　　　　　④ 2차 주파수

해설

$$f_2 s = s f_2$$

03 유도 전동기의 2차 동손을 P_c, 2차 입력을 P_2, 슬립을 S 라 할 때 이들 사이의 관계는?

① $S = P_c / P_2$ 　　　　　② $S = P_2 / P_c$
③ $S = P_2 \cdot P_c$ 　　　　④ $S = s \cdot P_2 \cdot P_c$

해설

$$P_0 = P_2 - P_{c2} = P_2 - s P_2 = (1 - s) P_2$$

P_0 : 출력,　P_2 : 입력,　P_{c2} : 손실

"PS" $P_{c2} = s P_2$

$$\eta_2 = \frac{P_0}{P_2} = \frac{(1 - s) P_2}{P_2} = (1 - s) = \frac{N}{N_s} = \frac{\omega_0}{\omega_s}$$

η_2 : 2차 효율

N_s : 동기속도,　　N : 회전자 속도,　　ω_s : 동기 각속도,　　ω_0 : 회전 각속도

정답 **01** ① **02** ④ **03** ①

04 60[Hz], 8극인 3상 유도 전동기의 전부하에서 회전수가 855[rpm]이다. 이때 슬립은?

① 4[%]　　　　　② 5[%]　　　　　③ 6[%]　　　　　④ 7[%]

해설

$$S = \frac{N_s - N}{N_s} = \frac{900 - 855}{900} \times 100 = 5[\%]$$

05 슬립 4[%]인 유도 전동기의 정지 시 2차 1상 전압이 150[V]이면 운전 시 2차 1상 전압 [V]은?

① 9　　　　　② 8　　　　　③ 7　　　　　④ 6

해설

$$E_{2s} = s\,E_2 = 0.04 \times 150 = 6\,[\text{V}]$$

06 6극 200[V], 10[kW]의 3상 유도 전동기가 960[rpm]으로 회전하고 있을 때의 회전 시 기전력의 주파수[Hz]는? (단, 전원의 주파수는 60[Hz]이다.)

① 12　　　　　② 8　　　　　③ 6　　　　　④ 4

해설

$$f_2 s = s\,f_2 = \frac{N_s - N}{N_s} f_2 = \frac{1,200 - 960}{1,200} \times 60 = 12\,[\text{Hz}]$$

07 60[Hz]의 전원에 접속된 4극 3상 유도 전동기에서 슬립이 0.05일 때의 회전속도[rpm]는?

① 1,800　　　　　② 1,710　　　　　③ 1,700　　　　　④ 1,760

해설

$$N = (1 - s)\,N_s = (1 - 0.05) \times 1,800 = 1,710[\text{rpm}]$$

정답　04 ②　05 ④　06 ①　07 ②

08 3,000[V], 60[Hz], 8극 100[kW]의 3상 유도 전동기가 있다. 전부하에서 2차 구리손이 3[kW], 기계손이 2[kW]이라면 전부하 회전수는 약 몇 [rpm]인가?

① 498

② 593

③ 874

④ 984

해설

$$N = (1-S) N_s = (1-0.0286) \times 900 = 874 \,[\text{rpm}]$$

$$S = \frac{P_{c2}}{P_2} = \frac{P_{c2}}{P_0 + P_m + P_{c2}} = \frac{3}{100 + 2 + 3} = 0.0286$$

09 유도 전동기의 슬립(slip) s 의 범위는?

① $0 < s < 1$

② $-1 < s < 0$

③ $1 < s < 2$

④ $-1 < s < 1$

해설

슬립의 범위

전동기 $0 < s < 1$

발전기 $s < 0$

제동기 $1 < s < 2$

10 단상 유도 전동기를 2전동기설로 설명하는 경우 정방향 회전자계의 슬립이 0.2이면, 역방향 회전자계의 슬립은 얼마인가?

① 0.2

② 0.8

③ 1.8

④ 2.0

해설

유도기의 슬립

역방향 회전자계의 슬립 $s' = 2 - s$

$$2 - 0.2 = 1.8$$

정답 **08** ③ **09** ① **10** ③

11 3상 유도 전동기에서 회전자가 슬립 s로 회전하고 있을 때 2차 유기전압 E_{2s} 및 2차 주파수 f_{2s}와 s와의 관계는? (단, E_2는 회전자가 정지하고 있을 때 2차 유기 기전력이며 f_1은 1차 주파수이다.)

① $E_{2s} = sE_2$, $f_{2s} = sf_1$

② $E_{2s} = sE_2$, $f_{2s} = \dfrac{f_1}{s}$

③ $E_{2s} = \dfrac{E_2}{s}$, $f_{2s} = \dfrac{f_1}{s}$

④ $E_{2s} = (1-s)E_2$, $f_{2s} = (1-s)f_1$

해설

슬립 s

$$s = \frac{E_{2s}}{E_2} = \frac{f_{2s}}{f_2}$$

$E_{2s} = sE_2$, $f_{2s} = sf_1$ 가 된다.

12 정격출력이 7.5[kW]의 3상 유도 전동기가 전부하 운전에서 2차 저항손이 300[W]이다. 슬립은 약 몇 [%]인가?

① 3.85　　　　② 4.61　　　　③ 7.51　　　　④ 9.42

해설

유도기의 슬립 s

유도기의 입력과 2차동손 및 슬립과의 관계

$$s = \frac{P_{2c}}{P_2} = \frac{300}{7500 + 300} \times 100 = 3.85[\%], \ P_{2c} : 2차동손, \ P_2 : 출력$$

13 50[Hz], 12극의 3상 유도 전동기가 10[HP]의 정격출력을 내고 있을 때, 회전수는 약 몇 [rpm]인가? (단, 회전자 동손은 350[W]이고, 회전자 입력은 회전자 동손과 정격출력의 합이다.)

① 468　　　　② 478　　　　③ 488　　　　④ 500

정답　11 ①　12 ①　13 ②

해설

유도 전동기의 회전자 속도

$$N = (1-s)N_s = (1-0.048) \times 500 = 478[\text{rpm}]$$

$$P_{2c} = sP_2 \text{이므로 } s = \frac{P_{2c}}{P_0 + P_{2c}} = \frac{350}{(10 \times 746) + 350} = 0.048$$

$$N_s = \frac{120}{P}f = \frac{120}{12} \times 50 = 500[\text{rpm}]$$

14 1차 권수 N_1, 2차 권수 N_2, 1차 권선 계수 K_{W_1}, 2차 권선 계수 K_{W_2}인 유도 전동기가 슬립 s로 운전하는 경우 전압비는?

① $\dfrac{K_{W_1}N_1}{K_{W_2}N_2}$ ② $\dfrac{K_{W_2}N_2}{K_{W_1}N_1}$ ③ $\dfrac{K_{W_1}N_1}{sK_{W_2}N_2}$ ④ $\dfrac{sK_{W_2}N_2}{K_{W_1}N_1}$

해설

$$\frac{E_1}{E_{2s}} = \frac{K_{W_1}N_1}{sK_{W_2}N_2} = \frac{\alpha}{s}$$

15 회전자가 슬립 s로 회전하고 있을 때 고정자, 회전자의 실효 권수비를 α라 하면, 고정자 기전력 E_1과 회전자 기전력 E_{2s}와의 비는?

① $\dfrac{\alpha}{s}$ ② $s\,\alpha$ ③ $(1-s)\alpha$ ④ $\dfrac{\alpha}{1-s}$

16 3상 권선형 유도 전동기에서 1차와 2차간의 상수비, 권수비 β, α이고 2차 전류가 I_2일 때 1차 1상으로 환산한 $I_2{'}$는?

① $\dfrac{\alpha}{I_2\beta}$ ② $\alpha\beta I_2$ ③ $\dfrac{\beta I_2}{\alpha}$ ④ $\dfrac{I_2}{\beta\alpha}$

정답   **14** ③   **15** ①   **16** ④

17 권선형 유도 전동기의 슬립 s에 있어서의 2차 전류 [A]는? (단, E_2, X_2 는 전동기 정지 시의 2차 유기 전압과 2차 리액턴스로 하고 R_2는 2 차 저항으로 한다.)

① $\dfrac{E_2}{\sqrt{\left[\dfrac{R_2}{s}\right]^2 + X_2^2}}$

② $\dfrac{sE_2}{\sqrt{R_2{}^2 \dfrac{X_2{}^2}{s^2}}}$

③ $\dfrac{E_2}{\left[\dfrac{R_2}{1-s}\right]^2 + X_2}$

④ $\dfrac{E_2}{\sqrt{(sR_2)^2 + X_2^2}}$

18 3상 유도기에서 출력의 변환식이 맞는 것은?

① $P_0 = P_2 - P_{2c} = P_2 - sP_2 = \dfrac{N}{N_s}P_2 = (1-s)P_2$

② $P_0 = P_2 + P_{2c} = P_2 + sP_2 = \dfrac{N_s}{N}P_2 = (1+s)P_2$

③ $P_0 = P_2 + P_{2c} = \dfrac{N}{N_2}P_2 = (1-s)P_2$

④ $(1-s)P_2 = \dfrac{N}{N_s}P_2 = P_0 - P_{2c} = P_0 - sP_2$

19 15[kW] 3상 유도 전동기의 기계손이 350[W], 전부하 시의 슬립이 3[%]이다. 전부하 시의 2차 동손[W]은?

① 275　　　　② 395　　　　③ 426　　　　④ 475

해설

$P_{c2} = \dfrac{S}{1-S}(P_0 + P_m)$,　　$P_m = $ 기계손

$= \dfrac{0.03}{1-0.03} \times (15{,}000 + 350) = 475\,[\text{W}]$

정답 | **17** ① **18** ① **19** ④

20 슬립 6[%]인 유도 전동의 2차측 효율은 몇 [%]인가?

① 94   ② 84   ③ 90   ④ 88

해설

$\eta_2 = (1 - s) = (1 - 0.06) \times 100 = 94 \, [\%]$

21 200[V], 60[Hz], 4극 20[kW]의 3상 유도 전동기가 있다. 전부하일 때의 회전수가 1,728[rpm]이라 하면 2차 효율[%]은?

① 45   ② 56   ③ 96   ④ 100

해설

$\eta_2 = \dfrac{N}{N_s} = \dfrac{1,728}{1,800} \times 100 = 96 \, [\%]$

$P = 4, f = 60 \, [\text{Hz}]$ 일 때 $N_s = 1,800 \, [\text{rpm}]$

22 동기 각속도 w_0, 회전자 각속도 w인 유도 전동기의 2차 효율은?

① $\dfrac{w_0 - w}{w}$ ② $\dfrac{w_0 - w}{w_0}$ ③ $\dfrac{w_0}{w}$ ④ $\dfrac{w}{w_0}$

23 유도 전동기의 특성에서 토크와 2차 입력, 동기속도의 관계는?

① 토크는 2차 입력과 동기속도의 자승에 비례한다.
② 토크는 2차 입력에 비례하고, 회전속도에 반비례한다.
③ 토크는 2차 입력에 비례하고, 동기속도에 반비례한다.
④ 토크는 2차 입력 동기속도의 곱에 비례한다.

해설

$T = 0.975 \dfrac{P_2}{N_s} \, [\text{kg} \cdot \text{m}]$

토크는 2차 입력 P_2와 비례, 동기속도 N_s와 반비례

정답 **20** ① **21** ③ **22** ④ **23** ③

24 3상 유도 전동기에서 동기와트로 표시되는 것은?

① 토크   ② 동기 각속도   ③ 1차 입력   ④ 2차 출력

해설

$$T = 0.975 \frac{P_2}{N_s} [\text{kg} \cdot \text{m}]$$

2차 입력 P_2 를 토크 T 로 표현할 때 P_2 를 동기와트라 한다.

25 극수 P 의 3상 유도 전동기가 주파수 f [Hz], 슬립 S, 토크 T [N·m]로 운전하고 있을 때 기계적 출력[W]은?

① $\dfrac{4\pi f}{P} \cdot T(1-S)$ ② $\dfrac{4P^2}{\pi} \cdot T(1-S)$

③ $\dfrac{4\pi f}{P} \cdot T \cdot S$ ④ $\dfrac{\pi f}{2P} \cdot T(1-S)$

해설

$$T = \frac{P_0}{\omega} = \frac{P_0}{2\pi \dfrac{N}{60}} = \frac{P_0}{\dfrac{2\pi}{60}(1-s)\dfrac{120}{P}f}$$

$$= \frac{P_0}{(1-s)\dfrac{4\pi f}{P}} [\text{N} \cdot \text{m}]$$

$$P_0 = \tau \cdot (1-s)\frac{4\pi f}{P} [\text{W}]$$

26 3상 유도 전동기의 전원주파수와 전압의 비가 일정하고 정격속도 이하로 속도를 제어하는 경우 전동기의 출력 P 와 주파수 f 와의 관계는?

① $P \propto f$ ② $P \propto \dfrac{1}{f}$ ③ $P \propto f^2$ ④ P 는 f 에 무관

해설

기계적 출력과 주파수와의 관계

$$P_0 = T(1-s)\frac{4\pi f}{P}$$

따라서 $P_0 \propto f$

정답   24 ①   25 ①   26 ①

27 유도 전동기의 안정 운전의 조건은? (단, T_m : 전동기 토크, T_L : 부하 토크, n : 회전수)

① $\dfrac{dT_m}{dn} < \dfrac{dT_L}{dn}$　　　　　　　　② $\dfrac{dT_m}{dn} = \dfrac{dT_L^2}{dn}$

③ $\dfrac{dT_m}{dn} > \dfrac{dT_L}{dn}$　　　　　　　　④ $\dfrac{dT_m}{dn} \neq \dfrac{dT_L^2}{dn}$

> **해설**
> 유도 전동기의 안정 운전 조건
> $$\dfrac{dT_m}{dn} < \dfrac{dT_L}{dn}$$

28 유도 전동기의 회전력은?

① 단자전압에 무관　　　　　　② 단자전압에 비례
③ 단자전압의 1/2승에 비례　　④ 단자전압의 2승에 비례

29 220[V], 3상 유도 전동기의 전부하 슬립이 4[%]이다. 공급 전압이 10[%] 저하된 경우의 전부하 슬립[%]은?

① 4　　　　　　② 5　　　　　　③ 6　　　　　　④ 7

> **해설**
> $$T = K \cdot \dfrac{s E_2^2 r_2}{r_2^2 + (s x_2)^2}$$
>
> $T \propto V^2$, $s \propto \dfrac{1}{V^2}$ 이므로
>
> $$s \propto \dfrac{1}{V^2}$$
>
> $4 \ : \ \dfrac{1}{(220)^2}$
>
> $s' : \dfrac{1}{(220 \times 0.9)^2}$
>
> $s' = 5\,[\%]$

30 3상 유도 전동기에서 2차측 저항을 2배로 하면 그 최대 토크는 몇 배로 되는가?

① 2배

② $\sqrt{2}$ 배

③ 1/2배

④ 변하지 않는다.

31 비례추이를 하는 전동기는?

① 단상 유도 전동기

② 권선형 유도 전동기

③ 동기 전동기

④ 정류자 전동기

32 유도 전동기의 토크 속도 곡선이 비례 추이(proportional shifting)한다는 것은 그 곡선이 무엇에 비례해서 이동하는 것을 말하는가?

① 슬립

② 회전수

③ 공급 전압

④ 2차 합성 저항

33 권선형 유도 전동기에서 비례추이에 대한 설명으로 틀린 것은? (단, S_m 은 최대토크 시 슬립이다.

① r_2를 크게 하면 S_m 은 커진다.

② r_2를 삽입하면 최대토크가 변한다.

③ r_2를 크게 하면 기동토크도 커진다.

④ r_2를 크게 하면 기동전류는 감소한다.

해설

비례추이

유도 전동기의 2차측의 크기를 변화시킬 경우 기동토크가 커지고 기동전류가 감소한다. 이를 비례추이라고 한다.

다만 유도 전동기의 최대토크 $T_m \propto \dfrac{V^2}{2x_2}$ 로 표현되며 2차 저항 r_2와는 무관하다.

정답 **30** ④ **31** ② **32** ④ **33** ②

34 유도 전동기의 슬립을 측정하려고 한다. 다음 중 슬립의 측정법이 아닌 것은?

① 수화기법
② 직류밀리볼트계법
③ 스트로보스코프법
④ 프로니브레이크법

해설

슬립 측정방법

(1) 수화기법

(2) 직류밀리볼트계법

(3) 스트로보스코프법

35 농형 유도 전동기에서 주로 사용되는 속도제어법은?

① 극수 제어법
② 종속 제어법
③ 2차 여자 제어법
④ 2차 저항 제어법

해설

농형 유도 전동기의 속도제어법

(1) 주파수 제어법

(2) 극수 제어법

(3) 전압 제어법

36 농형 유도 전동기의 속도제어법이 아닌 것은?

① 극수 변환
② 1차 저항 변환
③ 전원전압 변환
④ 전원주파수 변환

해설

농형 유도 전동기의 속도제어법

(1) 주파수 제어법

(2) 극수 제어법

(3) 전압 제어법

정답 | 34 ④ 35 ① 36 ②

37 다음 3상 유도 전동기의 특성 중 비례 추이를 할 수 없는 것은?

① 토크 ② 역률

③ 1차 전류 ④ 효율

해설
비례추이할 수 없는 것 : 출력, 효율, 2차 동손

38 유도 전동기의 원선도를 그리는 데 필요치 않은 시험은?

① 저항 측정 ② 무부하시험

③ 구속 시험 ④ 슬립 측정

해설
원선도 : ① 저항 측정
        ② 무부하시험
        ③ 구속 시험

39 유도 전동기 원선도에서 원의 지름은? (단, E를 1차 전압, r는 1차로 환산한 저항, x를 1차로 환산한 누설 리액턴스라 한다.)

① rE에 비례 ② rxE에 비례

③ $\dfrac{E}{r}$에 비례 ④ $\dfrac{E}{x}$에 비례

40 유도 전동기의 원선도에서 구할 수 없는 것은?

① 1차 입력 ② 1차 동손

③ 동기 와트 ④ 기계적 출력

정답 37 ④ 38 ④ 39 ④ 40 ④

41 유도 전동기의 속도제어법이 아닌 것은?

① 2차 저항법

② 2차 여자법

③ 1차 저항법

④ 주파수 제어법

42 인견 공업에 사용되는 포트 모터(POT MOTOR)의 속도제어는?

① 주파수 변화에 의한 제어

② 극수 변환에 의한 제어

③ 1차 회전에 의한 제어

④ 저항에 의한 제어

해설

속도제어법

(1) 농형

　① 주파수 제어법(인견공업의 pot 전동기, 선박의 전기 추진기)

　② 극수 제어법

(2) 권선형

　① 저항 제어법

　② 2차 여자법(회전자에 슬립 주파수의 전압을 공급하여 속도제어)

　③ 종속 제어법

　　㉠ 직렬 종속 $N = \dfrac{120}{P_1 + P_2} f \, [\text{rpm}]$

　　㉡ 차동 종속 $N = \dfrac{120}{P_1 - P_2} f \, [\text{rpm}]$

　　㉢ 병렬 종속 $N = 2 \times \dfrac{120}{P_1 + P_2} f \, [\text{rpm}]$

43 권선형 유도 전동기의 저항 제어법의 장점은?

① 부하에 대한 속도 변동이 크다.

② 구조가 간단하며 제어 조작이 용이하다.

③ 역률이 좋고 운전 효율이 양호하다.

④ 전부하로 장시간 운전하여도 온도 상승이 적다.

정답　**41** ③　**42** ①　**43** ②

44 극수 P_1, P_2 의 두 3상 유도 전동기를 종속 접속(connection)하였을 때의 이 전동기의 동기속도는 어떻게 되는가? (단, 전원 주파수는 f_1[Hz]이고 직렬 종속이다.)

① $\dfrac{120f_1}{P_1}$

② $\dfrac{120f}{P_2}$

③ $\dfrac{120f_1}{P_1 + P_2}$

④ $\dfrac{120f_1}{P_1 \times P_2}$

45 8극과 4극 2개의 유도 전동기를 종속법에 의한 직렬 종속법으로 속도제어를 할 때 전원 주파수가 60[Hz]인 경우 무부하 속도[rpm]는?

① 600

② 900

③ 1,200

④ 1,800

해설

직렬 종속 $N = \dfrac{120}{P_1 + P_2}f = \dfrac{120}{8 + 4} \times 60 = 600\,[\text{rpm}]$

46 60[Hz]인 3상 8극 및 2극의 유도 전동기를 차동 종속으로 접속하여 운전할 때의 무부하 속도[rpm]는?

① 3,600

② 1,200

③ 900

④ 720

해설

차동 종속 $N = \dfrac{120}{P_1 - P_2}f = \dfrac{120}{8 - 2} \times 60 = 1,200\,[\text{rpm}]$

47 유도 전동기의 회전자에 슬립 주파수의 전압을 공급하여 속도제어를 하는 방법은?

① 2차 저항법

② 직류 여자법

③ 주파수 변환법

④ 2차 여자법

정답   44 ③   45 ①   46 ②   47 ④

48 그림에서 sE_2는 유도 전동기의 2차 유기전압, E_c는 2차 여자를 위하여 외부에서 가한 슬립 주파수의 전압이다. 여기서 E_c를 바르게 설명한 것은?

① 속도를 상승하게 한다.
② 속도를 감소하게 한다.
③ 속도에 관계없다.
④ 역률을 없어지게 한다.

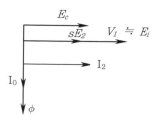

49 농형 유도 전동기의 기동법이 아닌 것은?

① 전전압 기동
② Y − △ 기동
③ 기동 보상기에 의한 기동
④ 2차 저항에 의한 기동

해설
기동법
(1) 농형
　① 전전압 기동 : 5[kW] 이하
　② Y − △ 기동 : 5 ~ 15[kW] 미만
　③ 기동보상기법 : 15[kW] 이상
(2) 권선형 : 2차 저항법

50 유도 전동기의 기동에서 Y − △ 기동은 몇 [kW] 범위의 전동기에서 이용되는가?

① 3[kW] 이상
② 5~15[kW]
③ 15[kW] 이상
④ 용량에 관계없이 이용이 가능하다.

51 유도 전동기의 기동방식 중 권선형에만 사용할 수 있는 방식은?

① 리액터 기동
② Y − △ 기동
③ 2차 회로의 저항 삽입
④ 기동 보상기

정답 48 ① 49 ④ 50 ② 51 ③

52 3상 유도 전동기가 경부하에서 운전 중 1선의 퓨즈가 잘못되어 용단되었을 때는?

① 속도가 증가하여 다른 선의 퓨즈도 용단된다.

② 속도가 늦어져서 다른 선의 퓨즈도 용단된다.

③ 전류가 감소하여 운전이 얼마동안 계속된다.

④ 전류가 증가하여 운전이 얼마동안 계속된다.

해설

3상 유도 전동기의 운전 중 1상이 퓨즈가 용단된 경우

전류가 증가하며 얼마동안 운전을 계속하다 과열로 소손된다.

53 어느 권선형 유도 전동기가 동기속도의 50[%] 정도로만 회전하며 그 이상 속도가 증가하지 않는다. 그 원인에 해당되는 것은?

① 2차 권선 중 한 선이 단선

② 2차 권선 중 두 선이 바꾸어서 결선

③ 2차측에 있는 슬립링이 단락

④ 1차 권선 중 두선을 바꾸어 결선

해설

게르게스 현상

게르게스 현상이란 3상 권선형 유도 전동기의 2차 회로가 단선이 된 경우에 부하가 약간 무거운 정도에서 슬립이 50[%]인 곳에서 운전이 되는 것을 말한다.

54 3상 유도 전동기에서 고조파 회전자계가 기본파 회전 방향과 역방향인 고조파는?

① 제3고조파   ② 제5고조파

③ 제7고조파   ④ 제13고조파

해설

제5고조파

제5고조파의 경우 기본파의 회전 방향과 반대 방향의 회전자계를 갖는다.

55 권선형 유도 전동기의 2차 여자법 중 2차 단자에서 나오는 전력을 동력으로 바꿔서 직류 전동기에 가하는 방식은?

① 회생 방식
② 크레머 방식
③ 플러깅 방식
④ 세르비우스 방식

해설

크레머 방식
권선형 유도 전동기의 2차 여자법 중 2차 단자에 나오는 전력을 동력으로 바꿔 직류 전동기에 가하는 방식을 말한다.

56 단상 유도 전동기 중 기동토크가 가장 적은 것은?

① 반발 기동형
② 분상 기동형
③ 세이딩 코일형
④ 커패시터 기동형

해설

단상유도 전동기의 기동토크 대소관계
반발 기동형 > 반발 유도형 > 콘덴서 기동형 > 분상 기동형 > 세이딩 코일형(Shading Coil)

57 단상 유도 전동기를 기동토크가 큰 순서로 되어 있는 것은 어느 것인가?

① 반발 기동, 분상 기동, 콘덴서 기동
② 분상 기동, 반발 기동, 콘덴서 기동
③ 반발 기동, 콘덴서 기동, 분상 기동
④ 콘덴서 기동, 분상 기동, 반발 기동

해설

단상 유도 전동기 기동토크 大 → 小
반발 기동형 → 반발 유도형 → 콘덴서 기동형 → 분상 기동형 → 세이딩 코일형
(brush 설치)   (기동특성 우수)   ($R : 大$, $X : 小$)

정답 55 ② 56 ③ 57 ③

58 단상 유도 전동기의 기동에 브러시를 필요로 하는 것은?

① 분상 기동형
② 반발 기동형
③ 콘덴서 분상 기동형
④ 세이딩 코일 기동형

59 저항 분상 기동형 단상 유도 전동기의 기동 권선의 저항 R 및 리액턴스 X 의 주권선에 대한 대소 관계는?

① R : 대, X : 대
② R : 대, X : 소
③ R : 소, X : 대
④ R : 소, X : 소

60 3상 전압 조정기의 원리는 어느 것을 응용한 것인가?

① 3상 동기 발전기
② 3상 변압기
③ 3상 유도 전동기
④ 3상 교류자 전동기

해설

유도 전압 조정기
(1) 단상 유도 전압 조정기(원리 : 단권 변압기)
  단락권선 설치 : 누설 리액턴스에 의한 전압강하 경감
(2) 3상 유도 전압 조정기(원리 : 3상 유도 전동기)

61 단상 유도 전압 조정기와 3상 유도 전압 조정기의 비교 설명으로 옳지 않은 것은?

① 모두 회전자와 고정자가 있으며 한편에 1차 권선을, 다른 편에 2차 권선을 둔다.
② 모두 입력전압과 이에 대응한 출력전압 사이에 위상차가 있다.
③ 단상 유도 전압 조정기에는 단락코일이 필요하나 3상에서는 필요 없다.
④ 모두 회전자의 회전각에 따라 조정된다.

정답 58 ② 59 ② 60 ③ 61 ②

62 단상 유도 전압 조정기에서 단락권선의 역할은?

① 철손 경감　　　　　　　　　② 전압강하 경감
③ 절연 보호　　　　　　　　　④ 전압조정 용이

63 단상 유도 전압 조정기에 단락권선을 1차 권선과 수직으로 놓는 이유는?

① 2차 권선의 누설 리액턴스 강하를 방지한다.
② 2차 권선의 주파수를 변환시키는 작용을 한다.
③ 2차의 단자전압과 1차의 전압의 위상을 같게 한다.
④ 부하시에 전압조정을 용이하게 하기 위해서이다.

64 단상 유도 전압 조정기의 1차 전압 100[V], 2차 전압 100 ± 30[V] 2차 전류는 50[A]이다. 이 유도 전압 조정기의 정격용량[kVA]은?

① 1.5　　　　　　② 3.5　　　　　　③ 5　　　　　　④ 6.5

해설

$\omega = E_2 I_2 \times 10^{-3}$[kVA], $\quad E_2$: 조정전압 30[V]
$\quad = 30 \times 50 \times 10^{-3} = 1.5$[kVA]

65 정격 2차 전류 I_2, 조정 전압 E_2일 때 3상 유도 전압 조정기 출력[kVA]은?

① $2 E_2 I_2 \times 10^{-3}$　　　　　　② $\sqrt{3} \, E_2 I_2 \times 10^{-3}$
③ $3 E_2 I_2 \times 10^{-3}$　　　　　　④ $E_2 I_2 \times 10^{-3}$

해설

3상 유도 전압 조정기
$\omega = \sqrt{3} \, E_2 I_2 \times 10^{-3}$[kVA]
E_2 : 조정 전압
I_2 : 2차 전류

정답　62 ②　63 ①　64 ①　65 ②

66 단상 유도 전압 조정기의 1차 권선과 2차 권선의 축 사이의 각도를 α라 하고 양 권선의 축이 일치할 때 2차 권선의 유기 전압을 E_2, 전원전압을 V_1, 부하측의 전압을 V_2라고 하면 임의의 각 α일 때 V_2를 나타내는 식은?

① $V_2 = V_1 + E_2 \cos \alpha$

② $V_2 = V_1 - E_2 \cos \alpha$

③ $V_2 = E_2 + V_1 \cos \alpha$

④ $V_2 = E_2 - V_1 \cos \alpha$

해설
2차 전압은 전원전압을 기준으로 조정전압을 가변하는게 전압 조정기 특성이므로
$V_2 = V_1 + E_2 \cos \alpha$

67 단상 유도 전압 조정기에서 1차 전원전압을 V_1이라 하고 2차의 유도전압을 E_2라고 할 때 부하단자전압을 연속적으로 가변할 수 있는 조정범위는?

① $0 \sim V_1$ 까지

② $V_1 + E_2$ 까지

③ $V_1 - E_2$ 까지

④ $V_1 + E_2$ 에서 $V_1 - E_2$ 까지

68 크로링 현상은 다음의 어느 것에서 일어나는가?

① 농형 유도 전동기

② 직류 직권 전동기

③ 회전 변류기

④ 3상 변압기

해설
• 농형 유도 전동기 : 크로링(crowling) 현상
• 권선형 유도 전동기 : 게르게스 현상

chapter

04

변압기

04 변압기

CHAPTER

01 절연유의 구비조건

(1) 절연 내력이 클 것

(2) 점도(점성)가 낮을 것

(3) 인화점이 높을 것

(4) 응고점이 낮을 것

    * 컨서베이터 : 열화 방지

    * 유입 변압기에 기름을 사용하는 목적 ≒ 효율을 좋게 하기 위하여

02 자기 인덕턴스 및 누설 리액턴스

렌츠   패러데이

$$e = L\frac{di}{dt} \qquad\qquad e = N\frac{d\phi}{dt}$$

$$LI = N\phi \qquad L = \frac{N\phi}{I} = \frac{N\frac{\mu s N I}{l}}{I} = \frac{\mu s N^2}{l}$$

$$\boxed{L \propto N^2 \,(\text{권선의 분할조립} \Rightarrow \text{누설 리액턴스 감소})}$$

03 변압기의 유기 기전력과 권수비

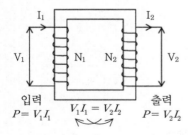

입력   출력

$P = V_1 I_1 \qquad V_1 I_1 = V_2 I_2 \qquad P = V_2 I_2$

(1) $E = 4.44 f N\phi = 4.44 f NBS$

$$a = \frac{E_1}{E_2} = \frac{4.44 f N_1 \phi}{4.44 f N_2 \phi} = \frac{N_1}{N_2}$$

(2) $a = \dfrac{E_1}{E_2} = \dfrac{N_1}{N_2} = \dfrac{V_1}{V_2} = \dfrac{I_2}{I_1} = \sqrt{\dfrac{R_1}{R_2}} = \sqrt{\dfrac{X_1}{X_2}} = \sqrt{\dfrac{Z_1}{Z_2}}$

(3) **총 임피던스** $\quad Z_0 = Z_1 + a^2 Z_2$

(4) **입력[kW]** $\quad P = V_1 I_1 \cos\theta \times 10^{-3} [\text{kW}]$

(5) **출력[kVA]** $\quad P = V_2 I_2 \cos\theta \times 10^{-3} [\text{kVA}]$

- 변압기의 등가회로

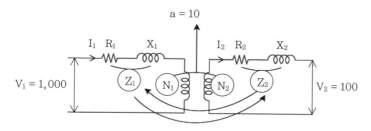

2차를 1차로 환산

$$Z_1 = \dfrac{V_1}{I_1} = \dfrac{a V_2}{\dfrac{I_2}{a}} = a^2 \dfrac{V_2}{I_2} = a^2 Z_2$$

$$Z_1 = a^2 Z_2 \qquad a^2 = \dfrac{Z_1}{Z_2} \qquad a = \sqrt{\dfrac{Z_1}{Z_2}}$$

$$R_1 = a^2 R_2 \qquad a^2 = \dfrac{R_1}{R_2} \qquad a = \sqrt{\dfrac{R_1}{R_2}}$$

04 변압기의 등가회로 및 여자회로

(1) 변압기의 등가회로 작성시 필요한 시험

① 권선의 저항 측정 시험
② 무부하(개방) 시험 : 철손, 여자전류, 여자 어드미턴스
③ 단락시험 : 동손, 임피던스, 단락전류

(2) 여자회로

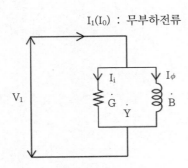

$I_1(I_0)$: 무부하전류

V_1

I_i I_ϕ

$\dot{G}$ $\dot{B}$

Y

I_i : 철손전류
I_ϕ : 자화전류(자속을 만드는 전류)

무부하전류는 누구에 의해서 결정?
여자 어드미턴스

① $I_0 = Y_0 \cdot V_1 = (G + jB)V_1$
$\qquad\qquad = GV_1 + jBV_1$

$I_0 = I_i + jI_\phi$

$I_0 = \sqrt{I_i^2 + I_\phi^2}$

② $I_\phi = \sqrt{I_0^2 - (\dfrac{P_i}{V_1})^2} = 0.072[\text{A}]$

③ $P_i = V_1 \cdot I_i = V_1 \cdot \dfrac{V_1}{R} = \dfrac{V_1^2}{R} = G_0 \cdot V_1^2$

$G_0 = \dfrac{P_i}{V_1^2}$

05 전압강하율

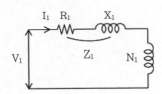

I_1 R_1 X_1

V_1 Z_1 N_1

(1) 저항 강하율 $\%R = P$

┌ 동손(임피던스 와트)

임피던스 전압을 걸 때의 입력을
임피던스 와트라고 한다.

$\%R = P = \dfrac{I_{1n} \cdot R_1}{V_{1n}} \times \dfrac{I_{1n}}{I_{1n}} = \dfrac{P_c}{P_n}$

[V]   [A]   └ 변압기 용량

$\%R = P = \dfrac{I_{1n} \cdot R_1}{V_{1n}} \times 100 = \dfrac{P_c}{P_n} \times 100$

(2) 리액턴스 강하율 $\%x = q$

$\%x = q = \dfrac{I_{1n} \cdot x_1}{V_{1n}} \times 100$

(3) 임피던스 강하율 $\%Z$

임피던스 전압 : 1차 정격전류를 흘렸을 때 변압기 내의 전압강하

$$\%Z = \frac{I_{1n} \cdot Z_1}{V_{1n}} \times 100 = \frac{\boxed{V_{1s}}}{V_{1n}} \times 100$$

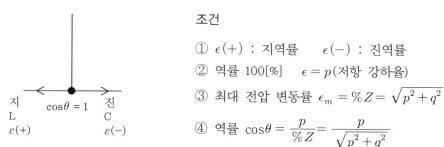

$$= \sqrt{p^2 + q^2} = \frac{I_n}{I_s} \times 100$$

임피던스 전압 : 1차 정격전류를 흘렸을 때 변압기 내의 전압강하

$$\%Z = \frac{I_{1n} \cdot Z_1}{V_{1n}} \times 100 = \frac{\boxed{V_{1s}}}{V_{1n}} \times 100 = \sqrt{p^2 + q^2} = \frac{I_n}{I_s}$$

06 단락전류 I_s

$$\%Z = \frac{I_n}{I_s} \times 100$$

$$V \cdot I_s = \frac{100}{\%Z} I_n \cdot V$$

$$P_s = \frac{100}{\%Z} P_n$$

$$I_s = \frac{100}{\%Z} \boxed{I_n}$$

$$1\phi = \frac{P}{V_{1(2)}}$$

$$3\phi = \frac{P}{\sqrt{3}\, V_{1(2)}}$$

$$4[\%] \Rightarrow 25 I_n$$

$$5[\%] \Rightarrow 20 I_n$$

07 전압 변동률 ϵ

$$\epsilon = \frac{V_{20} - V_{2n}}{V_{2n}} \times 100 = p\cos\theta \pm q\sin\theta$$

지 $\cos\theta = 1$ 진
L   C
$\varepsilon(+)$ $\varepsilon(-)$

조건

① $\epsilon(+)$: 지역률 $\epsilon(-)$: 진역률

② 역률 $100[\%]$ $\epsilon = p$(저항 강하율)

③ 최대 전압 변동률 $\epsilon_m = \%Z = \sqrt{p^2 + q^2}$

④ 역률 $\cos\theta = \dfrac{p}{\%Z} = \dfrac{p}{\sqrt{p^2 + q^2}}$

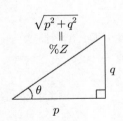

$$\sqrt{p^2 + q^2}$$
$$\parallel$$
$$\%Z$$

⑤ 1차 단자전압 $V_{1n} = a V_{20} = a(1+\epsilon) \cdot V_{2n}$

직류기에서 $\epsilon = \dfrac{V_0 - V_n}{V_n}$ $V_0 = (1+\epsilon) \cdot V_n$

08 변압기의 병렬운전조건 ≠ 용량·출력

(1) 극성·권수비·단자전압 일치

(2) $\%Z$ 일치 (r, x 비가 일치) $\left.\right) 1\phi TR$

(3) 상회전 방향과 각 변위가 일치 − $3\phi TR$
                                    ↳ 위상

(4) 가능 : 짝수
     불가능 : 홀수

	A기	B기
	△–Y와	△–Y
	30° −	30° = 0°
	△–△와	△–Y
	0° −	30° = 30°

(5) 부하분담비

$$\frac{P_a}{P_b} = \frac{P_A}{P_B} \cdot \frac{\%Z_b}{\%Z_a}$$

↓ 　 　 ↓ 　 ↳ 누설 임피던스 　 용량은 비례하고 누설 임피던스는 반(역)비례

분담용량 정격용량

합성용량 ⇒ 임피던스가 작은 것을 기준을 잡는다.

09 극성 시험

(1) 감극성(우리나라 기준)

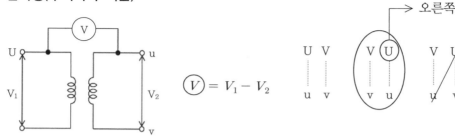

$$\widehat{V} = V_1 - V_2$$

(2) 가극성 $\widehat{V} = V_1 + V_2$

10 변압기의 3상 결선

(1) Y결선(성형 결선)

① $V_l = \sqrt{3}\, V_p < 30°$

② $I_l = I_p$

③ $P_y = \sqrt{3}\, V_n I_n = \sqrt{3} \cdot \sqrt{3}\, V_p \cdot I_p = 3P$

(2) △결선(환상 결선)

① $V_l = V_p$

② $I_l = \sqrt{3}\, I_p < -30°$

③ $P_\triangle = \sqrt{3}\, V_l I_l = \sqrt{3}\, V_p \sqrt{3}\, I_p = 3P$

(3) V결선

1대 증설

① $V_l = V_p$

② $I_l = I_p$

③ $P_v = \sqrt{3}\, V_l I_l = \sqrt{3}\, V_p I_p = \sqrt{3}\, P$

④ 이용률 $= \dfrac{\sqrt{3}\, P}{2P} \times 100 = 86.6[\%]$

⑤ 출력비 $= \dfrac{\sqrt{3}\, P}{3P} \times 100 = 57.7[\%]$

11 변압기의 손실

(1) 와류손

철심의 두께

$$P_e = \delta_e (k \cdot t \cdot f \cdot B_m)^2$$

↓ ↓   ↓   ↓

상수 파형률 주파수 자속밀도

$$E = 4.44 f N B S$$

$$B = \frac{E}{4.44 f N S} \qquad B = \frac{E}{f}$$

k : 파형률 $\qquad P_e \propto t^2 \qquad f$: 무관계 $\qquad P_e \propto E^2$

(2) 히스테리시스손 $Ph \propto f \cdot B_m^2$

$$Ph \propto \frac{E^2}{f} \qquad Pi \propto \frac{1}{f} \qquad B \propto \frac{1}{f} \qquad X_\ell \propto f$$

12 효율 η

(1) $\eta = \dfrac{출력}{출력 + 손실} = \dfrac{P\left(\dfrac{1}{m}\right)}{\left(\dfrac{1}{m}\right)P + P_i + P_c\left(\dfrac{1}{m}\right)^2} \times 100$

① 전손실 : $P_i + P_c \qquad P_c = I^2 R[\mathrm{W}]$

② 최대 효율조건 : $P_i = P_c$

③ $\dfrac{1}{m}$ 부하시 전손실 : $P_i + P_c\left(\dfrac{1}{m}\right)^2$

④ $\dfrac{1}{m}$ 부하시 최대 효율조건 : $P_i = P_c\left(\dfrac{1}{m}\right)^2$

$$\left(\frac{1}{m}\right)^2 = \frac{P_i}{P_c}$$

$$\frac{1}{m_\eta} = \sqrt{\frac{P_i}{P_c}}$$

⑤ 전일효율 – 사용시간이 짧다.

$$24 P_i = t \cdot P_c$$

$P_i < P_c$

무부하손을 작게 한다.

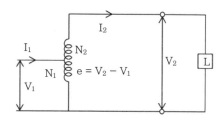

제2절 특수 변압기

01 단권 변압기(승압용)

= 변압기 용량 = 등가용량

(1) $\dfrac{자기용량}{부하용량} = \dfrac{(V_2 - V_1) \cdot I_2}{V_2 \cdot I_2} = \dfrac{V_2 - V_1}{V_2} = \dfrac{V_h - V_l}{V_h}$

= 선로용량

$V_h = (1 + \dfrac{1}{a}) \cdot V_l$

항상 부하용량이 크다.   부>자

$\begin{array}{l} V_1 : N_1 \\ V_2 : N_1 + N_2 \end{array}$

$V_2 = \left(\dfrac{N_1 + N_2}{N_1} \right) \cdot V_1$

$V_2 = \left(1 + \dfrac{1}{a} \right) \cdot V_1$

$V_h = \left(1 + \dfrac{1}{a} \right) \cdot V_l$

(2) **V결선** : $\dfrac{자기용량}{부하용량} = \left(\dfrac{2}{\sqrt{3}} \right) \cdot \dfrac{V_h - V_l}{V_h}$ 　　• 1대 용량 $= \dfrac{자기용량}{2}$

(3) **△결선** : $\dfrac{자기용량}{부하용량} = \dfrac{V_h^2 - V_l^2}{\left(\sqrt{3}\right) V_h V_l}$

02 상수 변환

(1) $3\phi \Rightarrow 2\phi$

　① 메이어 결선

　② 우드브리지 결선

　③ 스코트(T) 결선

T좌 변압기 $\dfrac{\sqrt{3}}{2}$ T좌 변압기의 권수비 = 주좌 변압기의 권수비 $\times \dfrac{\sqrt{3}}{2}$

주좌 변압기

$$= \dfrac{V_1}{V_2} \times \dfrac{\sqrt{3}}{2}$$
$$= 14.3,\ 12.99$$

(2) $3\phi \Rightarrow 6\phi$
  ① 2중 Y결선
  ② 2중 △결선
  ③ 대각 결선
  ④ 포크 결선
  ⑤ 환상 결선

03 변압기의 내부고장 보호에 사용되는 계전기

(1) 차동 계전기
(2) 부흐홀쯔 계전기
(3) 비율차동 계전기

04 절연 내력 시험

(1) 유도시험
(2) 가압 시험
(3) 1단 접지 충격 전압 시험

05 계기용 변성기(MOF) ⇒ 전력수급용 계기용 변성기

(1) 계기용 변압기(PT)
  2차측 전압 : 110[V]

(2) 변류기(CT)
  2차측 전류 : 5[A]
  ① 변류기 개방 시 2차측 단락하는 이유 : 2차측 절연보호
  ② $I_1 = I_2 \times CT$비 (벡터합)
  ③ $I_1 = \dfrac{I_2}{\sqrt{3}} \times CT$비 (벡터차)

01 변압기유로 쓰이는 절연유에 요구되는 특성이 아닌 것은?

① 응고점이 낮을 것　　　　　　② 절연 내력이 클 것

③ 인화점이 높을 것　　　　　　④ 점도가 클 것

> **해설**
>
> 변압기의 구비조건
>
> (1) 절연내력이 클 것
>
> (2) 점도가 낮고, 냉각효과가 클 것
>
> (3) 인화점은 높고, 응고점은 낮을 것
>
> (4) 고온에서 산화하지 않고 석출물이 생기지 않을 것

02 변압기에 콘서베이터(conservator)를 설치하는 목적은?

① 열화 방지　　　　　　　　　② 통풍 장치

③ 코로나 방지　　　　　　　　④ 강제 순환

> **해설**
>
> 열화
>
> • 원인 : 공기 중의 수분 흡수, 부하의 급변
>
> • 영향 : 절연내력 저하, 침식 작용, 냉각효과 감소
>
> • 방지 : 콘서베이터 설치, 질소 봉입, 흡착제
>
> ※ **열화 방지법** – 콘서베이터 설치
>
> ※ **변압기의 기름 중 아크 방전에 의해 가장 많이 발생하는 가스 : 수소가스**

03 변압기의 누설 리액턴스는? (여기서, N은 권수이다.)

① N에 비례한다.　　　　　　② N^2에 비례한다.

③ N에 무관하다.　　　　　　④ N에 반비례한다.

> **해설**
>
> $e = L \cdot \dfrac{di}{dt} = N\dfrac{d\phi}{dt}$ [V]에서
>
> $LI = N\phi$, $L = \dfrac{N\phi}{I} = \dfrac{N \times \dfrac{\mu A N I}{\ell}}{I}$
>
> $\quad\quad = \dfrac{\mu A N^2}{\ell}\quad\quad\quad \therefore L \propto N^2$

정답 ┃ **01** ④　**02** ①　**03** ②

04 변압기의 누설 리액턴스를 줄이는 가장 효과적인 방법은 어느 것인가?

① 권선을 분할하여 조립한다.　　　　② 권선을 동심 배치한다.
③ 코일의 단면적을 크게 한다.　　　　④ 철심의 단면적을 크게 한다.

해설

철심의 권선을 분할 조립하면 누설 리액턴스를 감소시킬 수 있다.

05 단상 50[kVA] 1차 3,300[V], 2차 210[V] 60[Hz], 1차 권회수 550, 철심의 유효단면적 150[cm^2]의 변압기 철심의 자속밀도[Wb/m^2]는?

① 약 2.0　　　　　　　　　　　　② 약 1.5
③ 약 1.2　　　　　　　　　　　　④ 약 1.0

해설

$$E_1 = 4.44\,f\,\phi_m\,N_1 = 4.44\,f\,B_m\,A\,N_1\,[\text{V}]$$

$$B_m = \frac{E_1}{4.44\,f\,A\,N_1} = \frac{3,300}{4.44 \times 60 \times 150 \times 10^{-4} \times 550} = 1.5\,[\text{Wb/m}^2]$$

06 1차 전압 6,600[V], 권수비 30인 단상 변압기로 전등부하에 30[A]를 공급할 때의 입력 [kW]은? (단, 변압기의 손실은 무시한다.)

① 4.4　　　　　　　　　　　　　② 5.5
③ 6.6　　　　　　　　　　　　　④ 7.7

해설

변압기의 입력

$$P = V_1 I_1 \cos\theta \times 10^{-3} = 6,600 \times 1 \times 1 \times 10^{-3} = 6.6\,[\text{kW}]$$

$$a = \frac{I_2}{I_1}$$

$$I_1 = \frac{I_2}{a} = \frac{30}{30} = 1\,[\text{A}]$$

07 권수비 30인 단상 변압기의 1차에 6,600[V]를 공급하고, 2차에 40[kW], 뒤진 역률 80[%]의 부하를 걸 때 2차 전류 I_2 및 1차 전류 I_1은 약 몇 [A]인가? (단, 변압기의 손실은 무시한다.)

① $I_2 = 145.5, I_1 = 4.85$

② $I_2 = 181.8, I_1 = 6.06$

③ $I_2 = 227.3, I_1 = 7.58$

④ $I_2 = 321.3, I_1 = 10.28$

해설

변압기 1차 전류 및 2차 전류

$a = \dfrac{V_1}{V_2}$ 이므로 $V_2 = \dfrac{6,600}{30} = 220[\text{V}]$

$I_2 = \dfrac{P}{V_2 \cos\theta} = \dfrac{40 \times 10^3}{220 \times 0.8} = 227.3[\text{A}]$

$I_1 = \dfrac{I_2}{a} = \dfrac{227.3}{30} = 7.58[\text{A}]$

08 변압기의 권수비 $a = \dfrac{6,600}{220}$, 철심의 단면적은 0.02[m²]이며, 최대 자속밀도 1.2[Wb/m²]일 경우 1차 유도 기전력은 약 몇 [V]인가? (단, 주파수는 60[Hz]이다.)

① 1,407

② 3,521

③ 42,198

④ 49,814

해설

변압기의 유도 기전력 E_1

$E = 4.44 f\phi N$ 으로

$E_1 = 4.44 f\phi N_1$

$\quad = 4.44 fB \cdot S \cdot N_1 = 4.44 \times 60 \times 1.2 \times 0.02 \times 6,600 = 42,197.76[\text{V}]$

09 그림과 같은 정합 변압기(matching transformer)가 있다. R_2에 주어지는 전력이 최대가 되는 권선비 a는?

① 약 2
② 약 1.16
③ 약 2.16
④ 약 3.16

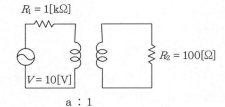

a : 1

해설

2차를 1차로 등가 변환 시

$R_1 = a^2 R_2$

$a = \sqrt{\dfrac{R_1}{R_2}} = \sqrt{\dfrac{1,000}{100}} = \sqrt{10} = 3.16$

10 변압기에서 등가회로를 이용하여 단락전류를 구하는 식은?

① $I_{1s} = V_1 / (Z_1 + a^2 Z_2)$
② $I_{1s} = V_1 / (Z_1 \times a^2 Z_2)$
③ $I_{1s} = V_1 / (Z_1^2 + a^2 Z_2)$
④ $I_{1s} = V_1 / (Z^2 + a^2 Z_2)$

해설

$I_{1s} = \dfrac{V_1}{Z_{21}} = \dfrac{V_1}{Z_1 + a^2 Z_2}[\text{A}]$

11 변압기의 개방회로 시험으로 구할 수 없는 것은?

① 무부하전류
② 동손
③ 히스테리시스 손실
④ 와류손

해설

등가회로 시험

(1) 권선저항 측정
(2) 무부하시험 : 철손, 여자전류
(3) 단락시험 : 임피던스와트(동손), 임피던스 전압

정답 **09** ④ **10** ① **11** ②

12 변압기 여자전류, 철손을 알 수 있는 시험은?

① 유도시험   ② 부하시험

③ 무부하시험   ④ 단락시험

해설

등가회로 시험

(1) 권선저항 측정

(2) 무부하시험 : 철손, 여자전류

(3) 단락시험 : 임피던스와트(동손), 임피던스 전압

13 변압기의 2차측을 개방하였을 경우 1차측에 흐르는 전류는 무엇에 의하여 결정되는가?

① 여자 어드미턴스   ② 누설 리액턴스

③ 저항   ④ 임피던스

해설

$I_0 = Y_0 V_1$

여자전류 I_0는 여자 어드미턴스 Y_0에 의해 결정된다.

14 변압기의 무부하시험, 단락시험에서 구할 수 없는 것은?

① 철손   ② 동손

③ 절연내력   ④ 전압 변동률

해설

변압기의 등가회로 시험법

(1) 무부하시험 : 철손, 여자전류, 여자 어드미턴스

(2) 단락시험 : 동손, 임피던스, 전압 변동률

15 변압기의 주요 시험 항목 중 전압 변동률 계산에 필요한 수치를 얻기 위한 필수적인 시험은?

① 단락시험   ② 내전압 시험

③ 변압비 시험   ④ 온도상승 시험

정답   **12** ③   **13** ①   **14** ③   **15** ①

해설

변압기의 단락시험

변압기의 단락시험을 통하여 임피던스 전압, 동손, 전압 변동률 등을 구할 수 있다.

16 단상 변압기의 정현파 유기 기전력을 유기하기 위한 여자전류의 파형은?

① 정현파　　　　　　　　　　　② 삼각파

③ 왜형파　　　　　　　　　　　④ 구형파

해설

변압기의 여자전류의 파형

정현파 전압을 유기하기 위한 여자전류는 3고조파를 포함한 왜형파를 말한다.

17 단상 변압기의 1차 전압 E_1, 1차 저항 r_1, 2차 저항 r_2, 1차 누설리액턴스 x_1, 2차 누설리액턴스 x_2, 권수비 a라 하면 2차 권선을 단락했을 때의 1차 단락전류는?

① $I_{1s} = E_1 / \sqrt{(r_1 + a^2 r_2)^2 + (x_1 + a^2 x_2)^2}$

② $I_{1s} = E_1 / a\sqrt{(r_1 + a^2 r_2)^2 + (x_1 + a^2 x_2)^2}$

③ $I_{1s} = E_1 / \sqrt{(r_1 + r_2/a^2)^2 + (x_1/a^2 + x_2)^2}$

④ $I_{1s} = aE_1 / \sqrt{(r_1/r_2 + a_2)^2 + (x_1/a^2 + x_2)^2}$

해설

변압기 단락전류 I_{1s}

$$I_{1s} = \frac{E_1}{z_1 + a^2 \times z_2} = \frac{E_1}{\sqrt{(r_1 + a^2 x_1)^2 + (r_2 + a^2 x_2)^2}}$$

$$= \frac{E_1}{\sqrt{r_1 + a^2 r_2)^2 + (x_1 + a^2 x_2)^2}}$$

정답　**16** ③　**17** ①

18 정격전압 120[V], 60[Hz]인 변압기의 무부하 입력 80[W], 무부하전류 1.4[A]이다. 이 변압기의 여자 리액턴스는 약 몇 [Ω]인가?

① 97.6   ② 103.7   ③ 124.7   ④ 180

해설

변압기 자화전류

$$I_\phi = \sqrt{I_0^2 - \left(\frac{P_i}{V_1}\right)^2}$$

$$= \sqrt{1.4^2 - \left(\frac{80}{120}\right)^2} = 1.23$$

여자 리액턴스 $X = \dfrac{V_1}{I_\phi} = \dfrac{120}{1.23} = 97.56[\Omega]$

19 1차 전압이 2,200[V], 무부하전류가 0.088[A], 철손이 110[W]인 단상 변압기의 자화전류 [A]는?

① 0.05   ② 0.038   ③ 0.072   ④ 0.088

해설

$$I_\phi = \sqrt{I_0^2 - \left(\frac{P_i}{V_1}\right)^2} = \sqrt{(0.088)^2 - \left(\frac{110}{2,200}\right)^2} = 0.072[A]$$

20 10[kVA], 2,000/100[V] 변압기에서 1차에 환산한 등가 임피던스는 6.2 + j 7[Ω]이다. 이 변압기의 % 리액턴스 강하는?

① 3.5   ② 1.75   ③ 0.35   ④ 0.175

해설

$$\%q = \frac{I_{1n}x_{21}}{V_{1n}} \times 100 = \frac{5 \times 7}{2,000} \times 100 = 1.75[\%]$$

$Z_{21} = r_{21} + j\,x_{21} = 6.2 + j\,7$, $x_{21} = 7$ 이므로

$$I_{1n} = \frac{P_n}{V_{1n}} = \frac{10 \times 10^3}{2,000} = 5[A]$$

정답 | **18** ①   **19** ③   **20** ②

21 3,300/210[V], 5[kVA] 단상 변압기가 퍼센트 저항 강하 2.4[%], 리액턴스 강하 1.8[%]이다. 임피던스 전압 [V]은?

① 99   ② 66   ③ 33   ④ 21

해설

$$V_{1s} = \frac{V_{1n}}{100}\%Z = \frac{3,300}{100} \times 3 = 99\,[\text{V}]$$

$$\%Z = \sqrt{p^2 + q^2} = \sqrt{(2.4)^2 + (1.8)^2} = 3\,[\%]$$

22 변압기의 임피던스 전압이란?

① 정격전류가 흐를 때의 변압기 내의 전압강하
② 여자전류가 흐를 때의 2차측 단자전압
③ 정격전류가 흐를 때의 2차측 단자전압
④ 2차 단락전류가 흐를 때의 변압기 내의 전압강하

해설

$V_{1s} = I_{1n}\,Z_{21}$: 임피던스 전압 – 정격전류 인가 시 변압기 내 전압강하

23 6,300/210[V], 20[kVA] 단상 변압기 1차 저항과 리액턴스가 각각 15.2[Ω]과 21.6[Ω], 2차 저항과 리액턴스가 각각 0.019[Ω]과 0.028[Ω]이다. 백분율 임피던스는 약 몇 %인가?

① 1.86   ② 2.86   ③ 3.86   ④ 4.86

해설

변압기의 백분율 임피던스

$$\%Z = \frac{I_1 Z_{21}}{V_1} \times 100 = \frac{\frac{20 \times 10^3}{6,300} \times 56.86}{6,300} \times 100 = 2.86\,[\%]$$

$$a = \sqrt{\frac{Z_1}{Z_2}} \quad Z_{21} = R_{21} + jX_{21} \quad a = \frac{6,300}{210} = 30$$

$$Z_{21} = \sqrt{(15.2 + 30^2 \times 0.019)^2 + (21.6 + 30^2 \times 0.028)^2} = 56.86\,[\Omega]$$

정답 21 ① 22 ① 23 ②

24 15[kVA], 3,000/200[V] 변압기의 1차측 환산 등가 임피던스가 5.4+$j6$[Ω]일 때 % 저항 강하 p와 % 리액턴스 강하 q는 각각 약 몇 %인가?

① p = 0.9, q = 1

② p = 0.7, q = 1.2

③ p = 1.2, q = 1

④ p = 1.3, q = 0.9

해설

변압기의 % 저항 강하와 % 리액턴스 강하

(1) % 저항 강하

$$p = \frac{I_1 R_{21}}{E_1} = \frac{5 \times 5.4}{3,000} \times 100 = 0.9$$

$$I_1 = \frac{P}{V_1} = \frac{15 \times 10^3}{3,000} = 5[\text{A}]$$

(2) % 리액턴스 강하

$$q = \frac{5 \times 6}{3,000} \times 100 = 1$$

$$I_1 = \frac{P}{V_1} = \frac{15 \times 10^3}{3,000} = 5[\text{A}]$$

25 변압기 내부의 저항과 누설 리액턴스의 [%] 강하는 2[%]와 3[%]이다. 부하의 역률이 80[%]일 때 이 변압기의 전압 변동률[%]은?

① 1.6[%]

② 1.8[%]

③ 3.4[%]

④ 3.6[%]

해설

$\epsilon = p \cos\theta + q \cos\theta$

$= (2 \times 0.8) + (3 \times 0.6)$

$= 3.4[\%]$

26 어느 변압기의 퍼센트 저항강하가 p[%], 퍼센트 리액턴스 강하가 퍼센트 저항 강하의 1/2 이며, 역률이 80[%](지역률)인 경우의 전압 변동률[%]은?

① 1

② 1.1

③ 1.2

④ 1.3

정답 **24** ① **25** ③ **26** ②

해설

변압기의 전압 변동률 ϵ

$\epsilon = \%p\cos\theta + \%q\sin\theta$(지역률)

여기서 $\%p$: 퍼센트 저항 강하

$\%q$: 퍼센트 리액턴스 강하

$\epsilon = \%p \times 0.8 + 0.5\%p \times 0.6 = 1.1p$

27 변압기에서 역률 100[%]일 때의 전압 변동률 ϵ은 어떻게 표시되는가?

① % 저항 강하   ② % 리액턴스 강하

③ % 서셉턴스 강하   ④ % 임피던스 전압

해설

$\epsilon = P\cos\theta + q\sin\theta$ $\cos\theta = 100\,[\%]$, $\sin\theta = 0\,[\%]$

$\epsilon = P$

28 영상 변압기가 있다. 전부하에서 2차 전압을 115[V]이고, 전압 변동율은 2[%]이다. 1차 단자전압을 구하시오. (단, 1, 2차 권선비는 20이다.)

① 2,356[V]   ② 2,346[V]

③ 2,336[V]   ④ 2,326[V]

해설

1차측 전압 $V_1 = aV_{20} = a(1+\epsilon)V_{2n} = 20 \times (1+0.02) \times 115 = 2,346\,[V]$

29 변압기의 %Z가 커지면 단락전류는 어떻게 변화하는가?

① 커진다.   ② 변동 없다.

③ 작아진다.   ④ 무한대로 커진다.

해설

단락전류

$I_s = \dfrac{100}{\%Z}I_n$이므로 $\%Z$가 커지면 단락전류는 작아진다.

정답   27 ①   28 ②   29 ③

30 임피던스 강하가 5[%]인 변압기가 운전 중 단락되었을 때 그 단락전류는 정격전류의 몇 배인가?

① 20　　　　　　　② 25　　　　　　　③ 30　　　　　　　④ 35

해설
단락전류 I_{1s}

$$I_{1s} = \frac{100}{\%Z} I_{1n} = \frac{100}{5} \times I_{1n} = 20 I_{1n}$$

31 전압비 a인 단상 변압기 3대를 1차, △결선, 2차 Y결선으로 하고 1차에 선간전압 V[V]를 가했을 때 무부하 2차 선간전압[V]은?

① $\dfrac{V}{a}$　　　　　　　　　　　　② $\dfrac{a}{V}$

③ $\sqrt{3} \cdot \dfrac{V}{a}$　　　　　　　　　④ $\sqrt{3} \cdot \dfrac{a}{V}$

해설
△결선과 Y결선

권수비의 경우 $a = \dfrac{V_1}{V_2}$

$V_2 = \dfrac{V_1}{a}$ 가 되나, Y결선의 선간전압은 상전압에 $\sqrt{3}$ 배가 되므로

$V_2 = \sqrt{3} \times \dfrac{V}{a}$

32 단상 변압기 3대를 이용하여 △−△결선하는 경우에 대한 설명으로 틀린 것은?

① 중성점을 접지할 수 없다.

② Y − Y 결선에 비해 상전압이 선간전압의 $\dfrac{1}{\sqrt{3}}$ 배이므로 절연이 용이하다.

③ 3대 중 1대에서 고장이 발생하여도 나머지 2대로 V결선하여 운전을 계속할 수 있다.

④ 결선 내에 순환전류가 흐르나 외부에는 나타나지 않으므로 통신장애에 대한 염려가 없다.

정답　**30** ①　**31** ③　**32** ②

△-△결선의 특징

(1) 1대 고장 시 V결선 운전할 수 있다.

(2) 3고조파가 결선 내를 순환하여 통신선의 유도장해가 경감된다.

(3) 중성점을 접지할 수 없다.

(4) 선간전압과 상전압이 같다.

33 210/105[V]의 변압기를 그림과 같이 결선하고 고압측에 200[V]의 전압을 가하면 전압계의 지시는 몇 [V]인가? (단, 변압기는 가극성이다.)

① 100

② 200

③ 300

④ 400

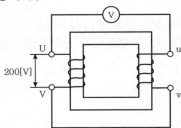

해설

가극성 변압기

전압계의 전압 $V = V_1 + V_2 = 200 + 100 = 300$

$a = \dfrac{V_1}{V_2} = \dfrac{210}{105} = 2$

$V_2 = \dfrac{V_1}{a} = \dfrac{200}{2} = 100[V]$

34 변압기의 병렬운전에서 필요한 조건을 모두 고르면?

A : 극성을 고려하여 접속할 것

B : 권수비가 상등하며 1차, 2차의 정격전압이 상등할 것

C : 용량이 꼭 상등할 것

D : 퍼센트 임피던스 강하가 같을 것

E : 권선의 저항과 누설 리액턴스의 비가 상등할 것

① A, B, C, D

② B, C, D, E

③ A, C, D, E

④ A, B, D, E

35 변압기를 병렬운전하는 경우에 불가능한 조합은?

① △-△와 Y-Y

② △-Y와 Y-△

③ △-Y와 △-Y

④ △-Y와 △-△

36 단상 변압기를 병렬운전하는 경우 부하분담을 용량에 비례시키는 조건 중 필요 없는 것은?

① 정격전압과 변압비가 같을 것

② 각 변위가 다를 것

③ % 임피던스 전압이 같을 것

④ 극성이 같을 것

37 1차 및 2차 정격전압이 같은 2대의 변압기가 있다. 그 용량 및 임피던스 강하가 A는 5[kVA], 3[%], B는 20[kVA], 2[%]일 때 이것을 병렬운전하는 경우 부하를 분담하는 비는?

① 1 : 4

② 2 : 3

③ 3 : 2

④ 1 : 6

해설

$$\frac{P_a}{P_b} = \frac{P_A}{P_B} \times \frac{\%Z_b}{\%Z_a} = \frac{5}{20} \times \frac{2}{3} = \frac{10}{60} = \frac{1}{6} \qquad 분담비는\ 1 : 6$$

38 두 대의 정격이 같은 1,000[kVA]의 단상 변압기로 임피던스 전압이 8[%]와 9[%]이다. 전체 부하가 2,000[kVA]라면 이것을 병렬로 하면 몇 [kVA]의 부하를 걸 수 있는가?

① 1,600

② 1,800

③ 1,889

④ 2,000

해설

변압기 병렬운전

$$P_a = \frac{Z_b}{Z_a + Z_b} P_L$$

$$= \frac{9}{8+9} \times 2,000 = 1,058.82[kVA]$$

$$P_b = \frac{Z_a}{Z_a + Z_b} P_L$$

$$= \frac{8}{8+9} \times 2,000 = 941.17[kVA]$$

위에 따라 운전시 P_a기는 과부하가 걸리게 되며 부하의 조정이 필요하다.

따라서 전체 부하를 재조정 시 $1,000 = \frac{9}{8+9} = 1,889[kVA]$가 된다.

정답 **35** ④ **36** ② **37** ④ **38** ③

39 단상 변압기를 병렬운전하는 경우 부하전류의 분담에 관한 설명 중 옳은 것은?

① 누설 리액턴스에 비례한다.

② 누설 임피던스에 비례한다.

③ 누설 임피던스에 반비례한다.

④ 누설 리액턴스의 제곱에 반비례한다.

해설

변압기의 부하분담

$\dfrac{P_a}{P_b} = \dfrac{P_A(용량)}{P_B(용량)} \times \dfrac{\%Z_B}{\%Z_A}$ 가 된다.

변압기의 부하분담비는 그 용량에는 비례하되 누설 임피던스에 반비례한다.

40 단상 변압기를 병렬운전할 경우 부하전류의 분담은?

① 용량에 비례하고 누설 임피던스에 비례

② 용량에 비례하고 누설 임피던스에 반비례

③ 용량에 반비례하고 누설 리액턴스에 비례

④ 용량에 반비례하고 누설 리액턴스에 제곱에 비례

해설

변압기의 병렬운전 시 부하분담

$\dfrac{P_a}{P_b} = \dfrac{P_A}{P_B} \dfrac{\%Z_B}{\%Z_A}$ 로서 부하분담의 경우 용량에 비례하고 %임피던스에 반비례한다.

41 3배전선에 접속된 V결선의 변압기에서 전부하 시의 출력을 P[kVA]라 하면 같은 변압기 한 대를 증설하여 △결선하였을 때의 정격출력[kVA]은?

① $\dfrac{1}{4}P$ ② $\dfrac{2}{\sqrt{3}}P$ ③ $\sqrt{3}\,P$ ④ $2P$

해설

$P_V = \sqrt{3} \times 1대\ 용량 = \dfrac{P_\triangle}{\sqrt{3}}$

$P_\triangle = \sqrt{3}\,P_V$

정답   39 ③   40 ②   41 ③

42 2[kVA]의 단상 변압기 3대를 써서 △결선하여 급전하고 있는 경우 1대가 소손되어 나머지 2대로 급전하게 되었다. 이 2대의 변압기는 과부하를 20[%]까지 견딜 수 있다고 하면 2대가 부담할 수 있는 최대 부하[kVA]는?

① 약 3.46

② 약 4.15

③ 약 5.16

④ 약 6.92

해설

$2\sqrt{3} \times 1.2 = 4.15\,[kVA]$

43 2대의 변압기로 V결선하여 3상 변압하는 경우 변압기 이용률[%]은?

① 57.8

② 86.6

③ 66.6

④ 100

해설

이용률 $= \dfrac{P_V}{2\,\text{대 용량}} = \dfrac{\sqrt{3} \times 1\,\text{대 용량}}{2 \times 1\,\text{대 용량}} = \dfrac{\sqrt{3}}{2} = 0.866$

44 △결선 변압기의 한 대가 고장으로 제거되어 V결선으로 공급할 때 공급할 수 있는 전력은 고장 전 전력에 대하여 몇[%]인가?

① 86.6

② 75.0

③ 66.7

④ 57.7

해설

출력비 $= \dfrac{\text{고장 후 출력}}{\text{고장 전 출력}} = \dfrac{P_V}{P_\triangle} = \dfrac{\sqrt{3} \times 1\,\text{대 용량}}{3 \times 1\,\text{대 용량}} = \dfrac{\sqrt{3}}{3} = \dfrac{1}{\sqrt{3}} = 0.577$

45 변압기에서 제3고조파의 영향으로 통신장해를 일으키는 3상 결선법은?

① △-△결선

② Y-Y결선

③ Y-△결선

④ △-Y결선

정답 42 ② 43 ② 44 ④ 45 ②

46 용량 P[kVA]인 동일 정격의 단상 변압기 4대로 낼 수 있는 3상 최대 출력 용량[kVA]은?

① $2\sqrt{3}\,P$ ② $\sqrt{3}\,P$

③ $4P$ ④ $3P$

해설

단상 변압기 4대 : P_{V-V} 결선 $P_{V-V} = 2\sqrt{3}\,P$

"PS" 2 대로 V 결선 시 1 뱅크 용량은 $\sqrt{3}\,P$

2뱅크(4대)의 용량은 $2\sqrt{3}\,P$

47 정격 주파수 50[Hz]의 변압기를 일정 전압 60[Hz]의 전원에 접속하여 사용했을 때 여자전류, 철손 및 리액턴스 강하는?

① 여자전류와 철손은 $\dfrac{5}{6}$ 감소, 리액턴스 강하 $\dfrac{6}{5}$ 증가

② 여자전류와 철손은 $\dfrac{5}{6}$ 감소, 리액턴스 강하 $\dfrac{5}{6}$ 감소

③ 여자전류와 철손은 $\dfrac{6}{5}$ 증가, 리액턴스 강하 $\dfrac{6}{5}$ 증가

④ 여자전류와 철손은 $\dfrac{6}{5}$ 증가, 리액턴스 강하 $\dfrac{5}{6}$ 감소

해설

변압기의 경우 $\phi \propto P_i \propto \dfrac{1}{f} \propto \dfrac{1}{\%Z}$ 이므로

주파수가 증가하므로 여자전류와 철손은 감소하고 리액턴스 강하는 증가한다.

여자전류와 철손은 $\dfrac{5}{6}$ 감소, 리액턴스 강하 $\dfrac{6}{5}$ 증가

48 변압기의 부하가 증가할 때의 현상으로 틀린 것은?

① 동손이 증가한다.   ② 온도가 상승한다.

③ 철손이 증가한다.   ④ 여자전류는 변함없다.

해설

변압기의 철손은 부하의 증가와 관계없이 항상 일정한 손실이다.

정답   46 ①   47 ①   48 ③

49 변압기에서 생기는 철손 중 와류손(eddy current loss)은 철심의 규소강판 두께와 어떤 관계가 있는가?

① 두께에 비례
② 두께의 2승에 비례
③ 두께의 1/2승에 비례
④ 두께의 3승에 비례

> **해설**
>
> $$P_e = \delta_e\,(kf,\,t,\,f,\,B_m)^2$$
>
> t : 규소강판 kf : 파형률
>
> δ_e : 재료상수 B_m : 자속밀도

50 3,300[V], 60[Hz]용 변압기의 와류손이 360[W]이다. 이 변압기를 2,750[V], 50[Hz]에서 사용할 때 와류손 [W]은?

① 100
② 150
③ 200
④ 250

> **해설**
>
> $P_e \propto V^2$, f 무관
>
> $360 : (3,300)^2$
>
> $P_e\,' : (2,750)^2$ $P_e\,' = \left(\dfrac{2,750}{3,300}\right)^2 \times 360 = 250\,[\text{W}]$

51 변압기의 부하전류 및 전압이 일정하고 주파수만 낮아지면?

① 철손이 증가
② 철손이 감소
③ 동손이 증가
④ 동손이 감소

> **해설**
>
> $\uparrow B_m \propto \dfrac{1}{f\downarrow}$
>
> 주파수가 낮아지면 자속밀도(B_m) 증가
>
> 철손·여자전류 증가, %Z(%임피던스) 감소

52 200[kVA]의 단상 변압기가 있다. 철손이 1.6[kW]이고 전 부하 동손이 2.4[kW]이다. 이 변압기의 역률이 0.8일 때 전 부하 시의 효율[%]은?

① 96.6　　　　② 97.6　　　　③ 98.6　　　　④ 99.6

해설

$$\eta = \frac{출력}{출력 + 손실} \times 100 = \frac{P}{P + P_i + P_c} \times 100 = \frac{P \cdot \cos\theta}{P \cdot \cos\theta + P_i + P_c} \times 100$$

$$= \frac{200 \times 0.8}{200 \times 0.8 + 1.6 + 2.4} \times 100 = 97.6 \, [\%]$$

53 변압기의 효율이 가장 좋을 때의 조건은?

① 철손 = $\frac{1}{2}$ 동손　　　　　　② $\frac{1}{2}$ 철손 = 동손

③ 철손 = 동손　　　　　　　　④ 철손 = $\frac{1}{3}$ 동손

해설

최대 효율조건 : 철손 = 동손

54 주상 변압기에서 보통 동손과 철손의 비는 (a)이고, 최대 효율이 되기 위하여는 동손과 철손의 비는 (b)이다. (　)에 알맞은 것은?

① a = 1 : 1, b = 1 : 1　　　　② a = 2 : 1, b = 1 : 1
③ a = 1 : 1, b = 2 : 1　　　　④ a = 3 : 1, b = 3 : 1

해설

$P_i = 1$, $P_c = 2$일 때 효율은 70[%]
최대 효율조건은 철손 = 동손, 따라서 1 : 1

55 전부하에 있어 철손과 동손의 비율이 1 : 2 인 변압기의 효율이 최대인 부하는 전부하의 대략 몇 [%]인가?

① 50　　　　② 60　　　　③ 70　　　　④ 80

해설

$$\frac{1}{m} = \sqrt{\frac{P_i}{P_c}} \times 100 = \sqrt{\frac{1}{2}} \times 100 = 70 \, [\%]$$

정답　**52** ②　**53** ③　**54** ②　**55** ③

56 $\dfrac{3}{4}$ 부하에서 효율이 최대인 주상 변압기는 전부하 시에 있어서의 철손과 동손의 비는?

① 3 : 4

② 4 : 3

③ 9 : 16

④ 16 : 9

해설

$$P_i = \left(\frac{1}{m}\right)^2 P_c$$

$$\frac{P_i}{P_c} = \left(\frac{1}{m}\right)^2 = \left(\frac{3}{4}\right)^2 = 9 : 16 \,[\%]$$

57 변압기의 철손 P_i [kW], 전부하 동손이 P_c [kW]인 때 정격출력의 $\dfrac{1}{m}$ 인 부하를 걸었다면 전손실[kW]은 얼마인가?

① $(P_i + P_c)\left[\dfrac{1}{m}\right]^2$

② $P_i \left[\dfrac{1}{m}\right]^2 + P_c$

③ $P_i + P_c \left[\dfrac{1}{m}\right]^2$

④ $P_i + P_c \left[\dfrac{1}{m}\right]$

해설 전부하 시 전손실 $= P_i + P_c$

$\dfrac{1}{m}$ 부하 시 전손실 $= P_i + \left(\dfrac{1}{m}\right)^2 P_c$

58 200[kVA]의 단상 변압기가 있다. 철손 1.6[kW], 전부하 동손 3.2[kW]이다. 이 변압기의 최고 효율은 몇 배의 전부하에서 생기는가?

① 1/2

② 1/4

③ 1/$\sqrt{2}$

④ 1

해설

$$\frac{1}{m} = \sqrt{\frac{P_i}{P_c}} = \sqrt{\frac{1.6}{3.2}} = \frac{1}{\sqrt{2}}$$

정답 | **56** ③ | **57** ③ | **58** ③

59 용량이 50[kVA] 변압기의 철손이 1[kW]이고 전부하동손이 2[kW]이다. 이 변압기를 최대 효율에서 사용하려면 부하는 약 몇 [kVA]이어야 하는가?

① 25

② 35

③ 50

④ 71

해설
변압기 최대효율조건

$$\frac{1}{m} = \sqrt{\frac{P_i}{P_c}} = \sqrt{\frac{1}{2}} = 71[\%]$$

따라서 $50 \times 0.71 = 35[kVA]$일 경우 효율이 최대가 된다.

60 단권 변압기의 설명으로 틀린 것은?

① 1차 권선과 2차 권선의 일부가 공통으로 사용된다.

② 분로권선과 직렬권선으로 구분된다.

③ 누설자속이 없기 때문에 전압변동이 작다.

④ 3상에서는 사용할 수 없고, 단상으로만 사용한다.

해설
단권 변압기(AT : Auto Transfomer)
단권 변압기는 초고압 승압 및 강압용 변압기로서 단상 및 3상 모두 사용이 가능하다.

61 용량 1[kVA], 3,000/200[V]의 단상 변압기를 단권 변압기로 결선해서 3,000/3,200[V]의 승압기로 사용할 때 그 부하 용량 [kVA]은?

① 16

② 15

③ 1

④ $\frac{1}{16}$

해설

$$\frac{\omega}{W} = \frac{V_h - V_\ell}{V_h}$$

$$\frac{1}{W} = \frac{3,200 - 3,000}{3,200}$$

$$\therefore W = 16[kVA]$$

정답 59 ② 60 ④ 61 ①

62 용량 10[kVA]의 단권 변압기를 그림과 같이 접속하면 역률 80[%]의 부하에 몇 [kW]의 전력을 공급할 수 있는가?

① 55　　　　　　　② 66

③ 77　　　　　　　④ 88

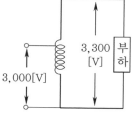

해설

$\dfrac{w}{W} = \dfrac{V_h - V_\ell}{V_h}$ 에서

$\dfrac{10}{W} = \dfrac{3,300 - 3,000}{3,300}$

$W = 110[\text{kVA}]$

$P_{유} = P_{피} \times \cos\theta = 110 \times 0.8 = 88[\text{kW}]$

63 자기용량 3[kVA], 3,000/100[V]의 단권 변압기를 승압기로 연결하고 1차측에 3,000[V]를 가했을 때 그 부하용량[kVA]은?

① 76　　　　　　　② 85

③ 93　　　　　　　④ 94

해설

단권 변압기의 부하용량

• 단권 변압기의 권선분비

$\dfrac{\text{자기용량}}{\text{부하용량}} = \dfrac{V_h - V_\ell}{V_h}$

$= \dfrac{3,100 - 3,000}{3,100}$

$\text{부하용량} = \dfrac{3}{\dfrac{3,100 - 3,000}{3,100}} = 93.16$

정답 62 ④　63 ③

64 1차 전압 V_1, 2차 전압 V_2인 단권 변압기를 V결선했을 때 변압기 용량(등가 용량)과 2차 측 출력(부하 용량)과의 비는?

① $\dfrac{2}{\sqrt{3}} \cdot \dfrac{V_1 - V_2}{V_1}$

② $\dfrac{\sqrt{3}}{2} \cdot \dfrac{V_1 - V_2}{V_1}$

③ $\dfrac{1}{2} \cdot \dfrac{V_1 - V_2}{V_1}$

④ $\dfrac{1}{\sqrt{3}} \cdot \dfrac{V_1 - V_2}{V_1}$

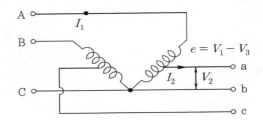

65 3상 전원에서 2상 전원을 얻기 위한 변압기의 결선방법은?

① △   ② T   ③ Y   ④ V

해설

상수변환

$3\phi \rightarrow 2\phi$: Scott 결선(T 결선)

$3\phi \rightarrow 6\phi$: Fork 결선

66 권수가 같은 A, B 두 대의 단상 변압기로서 그림과 같이 스코트 결선을 할 때 P가 A의 중점이면 Q는 B 권선은?

① $\dfrac{\sqrt{3}}{2}$ 점

② $\dfrac{1}{2}$ 점

③ $\dfrac{1}{\sqrt{3}}$ 점

④ $\dfrac{1}{\sqrt{2}}$ 점

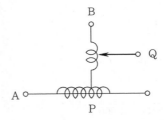

해설

T좌 변압기 권수비 $a_T = \dfrac{\sqrt{3}}{2}a$

정답 **64** ① **65** ② **66** ①

67 200[V]의 배전선 전압을 220[V]로 승압하여 30[kVA]의 부하에 전력을 공급하는 단권 변압기가 있다. 이 단권 변압기의 자기용량은 약 몇 [kVA]인가?

① 2.73

② 3.5

③ 4.26

④ 5.25

해설

단권 변압기의 자기용량

$$\frac{자기용량}{부하용량} = \frac{V_h - V_\ell}{V_\ell}$$

자기용량 $= \dfrac{220 - 200}{220} \times 30 = 2.727[\text{kVA}]$

68 변압기의 보호 방식 중 비율 차동 계전기를 사용하는 경우는?

① 고조파 발생을 억제하기 위하여

② 과여자전류를 억제하기 위하여

③ 과전압 발생을 억제하기 위하여

④ 변압기 상간 단락 보호를 위하여

해설

비율 차동 계전기

변압기 내부고장 시 동작코일에 흐르는 전류의 비율이 억제코일에 흐르는 전류 이상 시 동작하여 변압기 내부고장을 보호한다.

69 아래 계전기 중 변압기의 보호에 사용되지 않는 계전기는?

① 비율 차동 계전기

② 차동 전류 계전기

③ 부흐홀쯔 계전기

④ 임피던스 계전기

해설

임피던스 계전기

거리 계전기의 하나의 일종으로 선로의 사고를 검출 보호한다.

정답 67 ① 68 ④ 69 ④

70 부흐홀쯔 계전기에 대한 설명으로 틀린 것은?

① 오동작의 가능성이 많다.

② 전기적 신호로 동작한다.

③ 변압기의 보호에 사용한다.

④ 변압기의 주탱크와 콘서베이터를 연결하는 관중에 설치한다.

해설

부흐홀쯔 계전기

변압기를 보호하는 계전기의 방식은 기계적 방식과 전기적 방식으로 나뉜다.

부흐홀쯔 계전기는 기계적 방식의 보호대책이다.

71 탭전환 변압기 1차측에 몇 개의 탭이 있는 이유는?

① 예비용 단자

② 부하전류를 조정하기 위하여

③ 수전점의 전압을 조정하기 위하여

④ 변압기의 여자전류를 조정하기 위하여 전압을 조정하기 위함이다.

해설

변압기 고압(1차)측에 몇 개의 탭을 두는 이유

1차측의 몇 개의 탭을 놓는 이유는 수전점의 전압을 조정하기 위함이다.

72 변압기의 온도시험을 하는 데 가장 좋은 방법은?

① 실부하법   ② 내전압법

③ 단락시험법   ④ 반환부하법

해설

변압기의 온도시험법

온도시험법 중 실부하법은 손실이 크기 때문에, 반환부하법을 주로 사용한다.

정답 70 ② 71 ③ 72 ④

73 평형 3상 전류를 측정하려고 60/5[A]의 변류기 2대를 그림과 같이 접속했더니 전류계에 2.5[A]가 흘렀다. 1차 전류는 몇 [A]인가?

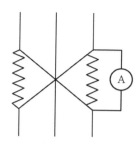

① 5

② $5\sqrt{3}$

③ 10

④ $10\sqrt{3}$

해설

전류계 $\textcircled{A}$에는 변류기의 2차 전류 i_a와 i_c의 차 전류가 흐르게 되므로

$\textcircled{A} = \sqrt{3}\,i_a = \sqrt{3}\,i_c$의 관계를 성립한다.

따라서 $i_a = \dfrac{2.5}{\sqrt{3}}[A]$

1차 전류 $I_1 = i_a \times CT$비 $= \dfrac{2.5}{\sqrt{3}} \times \dfrac{60}{5} = 17.32[A]$

74 3상 변압기를 병렬운전하는 조건으로 틀린 것은?

① 각 변압기의 극성이 같을 것

② 각 변압기의 %임피던스 강하가 같을 것

③ 각 변압기의 1차와 2차 정격전압과 변압비가 같을 것

④ 각 변압기의 1차와 2차 선간전압의 위상 변위가 다를 것

해설

변압기 병렬운전조건

3상 변압기의 경우 상회전 방향과 각 변위가 같아야 한다.

75 100[kVA], 2,300/115[V], 철손 1[kW], 전부하 동손 1.25[kW]의 변압기가 있다. 이 변압기는 매일 무부하로 10시간, $\frac{1}{2}$ 정격부하 역률 1에서 8시간, 전부하 역률 0.8(지상)에서 6시간 운전하고 있다면 전일효율은 약 몇 %인가?

① 93.3 　　　　② 94.3 　　　　③ 95.3 　　　　④ 96.3

해설
변압기의 전일효율

$$\eta = \frac{출력}{출력+철손+동손} = \frac{880}{880+24+10} \times 100[\%] = 96.28[\%]$$

출력 $= 100 \times \frac{1}{2} \times 1 \times 8 + 100 \times 0.8 \times 6 = 880[kWh]$

철손 $= 1 \times 24 = 24[kWh]$

동손 $= (\frac{50}{100})^2 \times 8 \times 1.25 + (\frac{100}{100})^2 \times 6 \times 1.25 = 10[kWh]$

76 변압기의 전압 변동률에 대한 설명으로 틀린 것은?
① 일반적으로 부하 변동에 대하여 2차 단자전압의 변동이 작을수록 좋다.
② 전부하 시와 무부하 시의 2차 단자전압이 서로 다른 정도를 표시하는 것이다.
③ 인가전압이 일정한 상태에서 무부하 2차 단자전압에 반비례한다.
④ 전압 변동률은 전등의 광고, 수명, 전동기의 출력 등에 영향을 미친다.

해설
변압기의 전압 변동률 $\epsilon = \frac{V_{20} - V_{2n}}{V_{2n}} \times 100[\%]$

인가전압이 일정한 상태에서 무부하 2차 단자전압에 비례한다.

77 변압기의 내부고장 검출을 위해 사용하는 계전기가 아닌 것은?
① 과전압 계전기 　　　　　　② 비율차동 계전기
③ 부흐홀쯔 계전기 　　　　　　④ 충격압력 계전기

해설
변압기의 내부고장 보호 계전기
(1) 부흐홀쯔 계전기
(2) 비율차동, 차동계전기
(3) 충격압력 계전기

정답　75 ④　76 ③　77 ①

chapter
05

정류기

정류기

(AC $\Rightarrow$ DC)

$\downarrow$ $\downarrow$

입력 출력(부하)

01 회전 변류기

(1) 전압비

$$\frac{E_a}{E_d} = \frac{1}{\sqrt{2}} \sin\frac{\pi}{m}$$

E_a : 교류(실효값), E_d : 직류, m : 상수

① 1ϕ : $\dfrac{E_a}{E_d} = \dfrac{1}{\sqrt{2}}$

(기준)

② 3ϕ : $\dfrac{E_a}{E_d} = \dfrac{\sqrt{3}}{2\sqrt{2}}$

③ 6ϕ : $\dfrac{E_a}{E_d} = \dfrac{1}{2\sqrt{2}}$

(2) 전류비

$$\frac{I}{I_d} = \frac{2\sqrt{2}}{m\cos\theta}$$

I : 교류(실효값), I_d : 직류

02 수은 정류기

(1) 전압비

$$\frac{E_a}{E_d} = \frac{\dfrac{\pi}{m}}{\sqrt{2}\,\sin\dfrac{\pi}{m}}$$

① 3ϕ반파(기준)

$$E_d = 1.17E \cdot \cos\alpha = 1.17 \cdot \frac{E_\ell}{\sqrt{3}} \cdot \cos\alpha$$

② 3ϕ전파(6ϕ반파)

$$E_d = 2.34E \cdot \cos\alpha = 1.35E_\ell \cdot \cos\alpha$$

(E : 상전압, E_ℓ : 선간전압)

(2) 전류비

$$\frac{I}{I_d} = \frac{1}{\sqrt{m}} \rightarrow 상수$$

ex. 3ϕ 수은 정류기 $I_d = 100[\text{A}]$ $I = ?$

$$I = \frac{100}{\sqrt{3}}[\text{A}]$$

03 정류회로 (AC⇒DC)

(1) 1ϕ반파(다이오드 1개)

① $E_d = \dfrac{\sqrt{2}\,E}{\pi} = 0.45E - e$

  ↓   ↓   ↳ 손실

  직류(출력)   교류(입력)

② $I_d = \dfrac{E_d}{R} = \boxed{\dfrac{\dfrac{\sqrt{2}}{\pi}E - e}{R}} = \boxed{\dfrac{\sqrt{2}\,E}{\pi R}} = \dfrac{\sqrt{2}}{\pi}I = 0.45I$

③ $I_d = \dfrac{\sqrt{2}}{\pi}I = \dfrac{1}{\pi}I_m$

④ $\text{PIV} = \sqrt{2}\,V$

  (첨두 역전압)

⑤ 점호각이 주어질 경우(SCR)

$$E_d = 0.45E(\frac{1 + \cos\alpha}{2}) \xrightarrow{\qquad} 점호각$$

(2) 1ϕ전파(다이오드 2개 이상)

① $E_d = \dfrac{2\sqrt{2}\,E}{\pi} = 0.9E - e$

② $I_d = \dfrac{E_d}{R} = \dfrac{\dfrac{2\sqrt{2}}{\pi}E}{R} = \dfrac{2\sqrt{2}\,E}{\pi R} = \dfrac{2\sqrt{2}}{\pi}I = 0.9I$

③ $I_d = \dfrac{2\sqrt{2}}{\pi}I = \dfrac{2}{\pi}I_m$

④ PIV $= 2\sqrt{2}\,V$

⑤ 점호각이 주어질 경우(SCR)

$$E_d = 0.9E(\frac{1+\cos\alpha}{2}) \;\; (단, \; L = \infty일 \; 경우 \; E_d = 0.9E\cos\alpha\,[V])$$

04 맥동률 r

$$r = \frac{교류분의 \; 전압}{직류분의 \; 전압} \times 100\,[\%]$$

교류분의 전압 = 맥동률 × 직류분의 전압(부하전압)

① 1ϕ반파 : 121[%]   f

② 1ϕ전파 : 48[%]   2f

③ 3ϕ반파 : 17[%]   3f

④ 3ϕ전파 : 4[%]   6f

    (6ϕ반파)

    맥동률이 가장 작은 방식

05 정류효율 η

$$\eta = \frac{직류전력}{교류전력} \times 100\,[\%]$$

① 1ϕ반파 : 40.6[%] $= \dfrac{4}{\pi^2} \times 100$

② 1ϕ전파 : 81.2[%] $= \dfrac{8}{\pi^2} \times 100$

③ 3ϕ반파 : 96.5[%]

④ 3ϕ전파 : 99.8[%]

    (6ϕ반파)

06 다이오드의 보호방법

(1) **직렬 연결** : 과전압으로부터 보호

(2) 병렬 연결 : 과전류로부터 보호

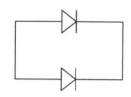

① 인버터 : 직류 ⇒ 교류

② 컨버터 : 교류 ⇒ 직류

③ 사이클로 컨버터 : 교류전력 ⇒ 교류전압(주파수 변환기)

$$AC \Rightarrow AC$$

④ 전압 제어 $\left\{\begin{array}{l} 직류 : 초퍼형 인버터 \\ 교류 : 위상 제어 \end{array}\right.$

07 반도체 소자

(1) SCR : 단방향 3단자

(2) SCS : 단방향 4단자

(3) SSS : 쌍방향 2단자

(4) DIAC : 쌍방향 2단자

(5) TRIAC : 쌍방향 3단자

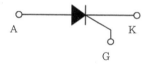

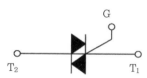

08 전기각 = 기하학 $\times \dfrac{P}{2}$

01 6상 회전 변류기의 직류측 전압 E_d 와 교류측 전압 E_a 의 실효값과의 비 $\dfrac{E_d}{E_a}$ 는 어느 것인가?

① $\sqrt{2}\,/\,2$ ② $\sqrt{2}$ ③ $\sqrt{3}$ ④ $2\sqrt{2}$

해설

단상 $\dfrac{E}{E_d} = \dfrac{1}{\sqrt{2}}$

E_d : 직류측 전압

3상 $\dfrac{E}{E_d} = \dfrac{\sqrt{3}}{2\sqrt{2}}$

E : 교류측 전압

6상 $\dfrac{E}{E_d} = \dfrac{1}{2\sqrt{2}}$

문제에서 $\dfrac{E_d}{E_a}$ 이므로 $2\sqrt{2}$

02 6상 회전 변류기에서 직류 600[V]를 얻으려면 슬립 링 사이의 교류전압을 몇 [V]로 하여야 하겠는가?

① 약 212   ② 약 300

③ 약 424   ④ 약 848

해설

$\dfrac{E}{E_d} = \dfrac{1}{2\sqrt{2}}$ $E = \dfrac{E_d}{2\sqrt{2}} = \dfrac{600}{2\sqrt{2}} = 212\,[\text{V}]$

03 회전 변류기의 직류측 전압을 조정하려는 방법이 아닌 것은?

① 직렬 리액턴스에 의한 방법
② 부하 시 전압조정 변압기를 사용하는 방법
③ 동기 승압기를 사용하는 방법
④ 여자전류를 조정하는 방법

정답 **01** ④   **02** ①   **03** ④

04 회전 변류기의 직류측 전압을 조정하려는 방법이 아닌 것은?

① 변압기의 탭 변환법   ② 유도 전압 조정기의 사용

③ 저항 조정   ④ 리액턴스 조정

05 3상 수은 정류기의 직류측 전압 E_d와 교류측 전압 E의 비 $\dfrac{E_d}{E}$ 는?

① 0.855   ② 1.02

③ 1.17   ④ 1.86

06 6상식 수은 정류기의 무부하 시에 있어서의 직류측 전압 [V]은 얼마인가? (단, 교류측 전압은 E[V], 격자 제어 위상각 및 아크 전압강하를 무시한다.)

① $\dfrac{3\sqrt{2}\,E}{\pi}$ ② $\dfrac{6(\sqrt{3}-1)E}{\pi}$

③ $\dfrac{\sqrt{2}\,\pi E}{3}$ ④ $\dfrac{3\sqrt{6}\,E}{\pi}$

해설

수은정류에 E_d $3\phi : 1.17E$

$6\phi : 1.35E$

$$\dfrac{3\sqrt{2}\,E}{\pi} = 1.35E$$

07 위상제어를 하지 않은 단상반파 정류회로에서 소자의 전압강하를 무시할 때 직류 평균치 E_d 는 얼마인가? (단, E : 직류권선의 상전압(실효치))

① $E_d = 1.46\,E$ ② $E_d = 1.17\,E$

③ $E_d = 0.90\,E$ ④ $E_d = 0.45\,E$

정답   **04** ③   **05** ③   **06** ①   **07** ④

08 단상 반파 정류회로에서 변압기 2차 전압의 실효값을 E[V]라 할 때 직류전류 평균값[A]은 얼마인가? (단, 정류기의 전압강하는 e[V]이다.)

① $\dfrac{\left[\dfrac{\sqrt{2}}{\pi}E - e\right]}{R}$　　　　② $\dfrac{1}{2} \cdot \dfrac{E - e}{R}$

③ $\dfrac{2\sqrt{2}}{\pi} \cdot \dfrac{E}{R}$　　　　④ $\dfrac{\sqrt{2}}{\pi} \cdot \dfrac{E - e}{R}$

해설

반파 : $E_d = \dfrac{\sqrt{2}}{\pi}E = 0.45\,E$

$\qquad I_d = \dfrac{E_d}{R} = \dfrac{0.45E}{R} = 0.45\,I$

$\qquad I_d = \dfrac{E_d}{R} = \dfrac{\dfrac{\sqrt{2}}{\pi}E}{R} = \dfrac{\sqrt{2}}{\pi}I$

최대 역전압 $PIV = \sqrt{2}\,E$

전파 : $E_d = \dfrac{2\sqrt{2}}{\pi}E = 0.9\,E$

$\qquad I_d = \dfrac{E_d}{R} = \dfrac{0.9E}{R} = 0.9\,I$

$\qquad I_d = \dfrac{E_d}{R} = \dfrac{\dfrac{2\sqrt{2}}{\pi}E}{R} = \dfrac{2\sqrt{2}}{\pi}I$

최대 역전압 $PIV = 2\sqrt{2}\,E$

09 그림은 일반적인 반파 정류회로이다. 변압기 2차 전압의 실효값을 E[V]라 할 때 직류전류 평균값은? (단, 정류기의 전압강하는 무시한다.)

① $\dfrac{E}{R}$　　　　② $\dfrac{E}{2R}$

③ $\dfrac{2\sqrt{2}\,E}{\pi R}$　　　　④ $\dfrac{\sqrt{2}\,E}{\pi R}$

해설

반파 $I_d = \dfrac{\sqrt{2}}{\pi}I$ 이므로

정답 08 ① 09 ④

10 반파 정류회로에서 직류전압 200[V]를 얻는 데 필요한 변압기 2차 전압은? (단, 부하는 순저항이고, 정류기의 전압강하는 15[V]로 한다.)

① 약 400[V]

② 약 478[V]

③ 약 512[V]

④ 약 642[V]

해설

$$E_d = 0.45\,E - e$$

$$E = \frac{E_d + e}{0.45} = \frac{200 + 15}{0.45} = 478\,[V]$$

11 단상 반파정류로 직류전압 100[V]를 얻으려고 한다. 최대 역전압(Peak inverse voltage) 즉 PIV는 몇 [V] 이상의 다이오드를 사용해야 하는가?

① 100

② 156

③ 223

④ 314

해설

반파 $PIV = \sqrt{2}\,E = \sqrt{2} \times 222 = 314\,[V]$

$$E_d = 0.45\,E \,, \ E = \frac{E_d}{0.45} = \frac{100}{0.45} = 222\,[V]$$

12 사이리스터 2개를 사용한 단상 전파 정류회로에서 직류전압 100[V]를 얻으려면 1차에 몇 [V]의 교류전압이 필요하며, PIV가 몇 [V]인 다이오드를 사용하면 되는가?

① 111, 222

② 111, 314

③ 166, 222

④ 166, 314

해설

$$E_d = 0.9\,E \,, \ E = \frac{E_d}{0.9} = \frac{100}{0.9} = 111\,[V]$$

$$PIV = 2\sqrt{2}\,E = 2\sqrt{2} \times 111 = 314\,[V]$$

정답 10 ② 11 ④ 12 ②

13 권수비가 1 : 2인 변압기(이상 변압기로 한다.)를 사용하여 교류 100[V]의 입력을 가했을 때 전파정류하면 출력전압의 평균값 [V]은?

① $\dfrac{400\sqrt{2}}{\pi}$ ② $\dfrac{300\sqrt{2}}{\pi}$ ③ $\dfrac{600\sqrt{2}}{\pi}$ ④ $\dfrac{200\sqrt{2}}{\pi}$

해설

$$E_d = \frac{2\sqrt{2}}{\pi}E$$

권수비 1 : 2일 때 출력측 전압이므로

$$E_d = \frac{2\sqrt{2}}{\pi}E\times 2 = \frac{2\sqrt{2}}{\pi}\times 100 \times 2 = \frac{400\sqrt{2}}{\pi}\,[\text{V}]$$

14 그림과 같은 정류회로에서 I_a(실효치)의 값은?

① $1.11 I_d$ ② $0.707 I_d$

③ I_d ④ $\sqrt{\dfrac{\pi - \alpha}{\pi}}\cdot I_d$

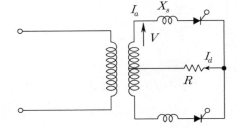

해설

$$I_d = 0.9\,I,\ \ I = \frac{1}{0.9}I_d = 1.11\,I_d$$

15 그림과 같은 정류회로에 정현파 교류전원을 가할 때 가동코일형 전류계의 지시(평균값) [A]는? (단, 전원전류의 최댓값은 I_m 이다.)

① $\dfrac{I_m}{\sqrt{2}}$ ② $\dfrac{2}{\pi}I_m$

③ $\dfrac{I_m}{\pi}$ ④ $\dfrac{I_m}{2\sqrt{2}}$

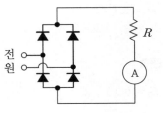

해설 $I_d = \dfrac{2\sqrt{2}}{\pi}I = \dfrac{2}{\pi}I_m$

정답   **13** ①   **14** ①   **15** ②

16 1,000[V]의 단상 교류를 전파정류에서 150[A]의 직류를 얻는 정류기의 교류측 전류는 몇 [A]인가?

① 125[A]　　　　② 116[A]　　　　③ 166[A]　　　　④ 106[A]

해설

$$I_d = 0.9\,I \ , \ I = \frac{I_d}{0.9} = \frac{150}{0.9} = 166\,[A]$$

17 그림과 같은 정류회로에서 전류계의 지시값은 얼마인가? (단, 전류계는 가동코일형이고 정류기 저항은 무시한다.)

① 1.8[mA]　　　② 4.5[mA]
③ 6.4[mA]　　　④ 9.0[mA]

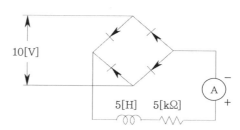

해설

$$I_d = \frac{E_d}{R} = \frac{0.9E}{R} = \frac{0.9 \times 10}{5,000} = 1.8 \times 10^{-3}\,[A]$$
$$1.8 \times 10^{-3}\,[A] = 1.8\,[mA]$$

18 사이리스터(thyristor) 단상 전파 정류 파형에서의 저항 부하 시 맥동률[%]은?

① 17　　　　　② 48　　　　　③ 52　　　　　④ 83

19 다음 정류기 중에서 맥동율이 가장 작은 방식은?

① 단상 반파 정류기　　　　　② 단상 전파 정류기
③ 삼상 반파 정류기　　　　　④ 삼상 전파 정류기

20 어떤 정류기의 부하 전압이 2,000[V]이고 맥동률이 3[%]이면 교류분은 몇 [V] 포함되어 있는가?

① 20　　　　　② 30　　　　　③ 50　　　　　④ 60

해설

교류전압 = 맥동률 × 정류회로 부하 전압 = 0.03 × 2,000 = 60[V]

정답　16 ③　17 ①　18 ②　19 ④　20 ④

21 다이오드를 사용한 정류회로에서 여러 개를 직렬로 연결하여 사용할 경우 얻는 효과는?

① 다이오드를 과전류로부터 보호
② 다이오드를 과전압으로부터 보호
③ 부하 출력의 맥동률 감소
④ 전력 공급의 증대

해설

다이오드의 직렬연결
직렬연결 시 다이오드를 과전압으로부터 보호할 수 있는 효과가 있다.

22 다이오드를 사용한 정류회로에서 과대한 부하전류에 의해 다이오드가 파손될 우려가 있을 때의 조치로서 적당한 것은?

① 다이오드 양단에 적당한 값의 콘덴서를 추가한다.
② 다이오드 양단에 적당한 값의 저항을 추가한다.
③ 다이오드를 직렬로 추가한다.
④ 다이오드를 병렬로 추가한다.

해설

다이오드 연결
㉠ 다이오드의 직렬연결 : 과전압으로부터 보호
㉡ 다이오드의 병렬연결 : 과전류로부터 보호

23 인버터(inverter)의 전력 변환은?

① 교류 - 직류로 변환
② 직류 - 직류로 변환
③ 교류 - 교류로 변환
④ 직류 - 교류로 변환

24 직류에서 교류로 변환하는 기기는?

① 인버터
② 사이클로 컨버터
③ 쵸퍼
④ 회전 변류기

정답 21 ② 22 ④ 23 ④ 24 ①

25 사이클로 컨버터란?

① 실리콘 양방향성 소자이다.
② 제어정류기를 사용한 주파수 변환기이다.
③ 직류 제어소자이다.
④ 전류 제어장치이다.

26 교류전력을 교류로 변환하는 것은?

① 정류기
③ 인버터

② 초퍼
④ 사이클로 컨버터

해설
사이클로 컨버터는 교류를 교류로 주파수 변환하는 장치이다.

27 사이리스터를 이용한 교류전압 제어방식은?

① 위상제어 방식
③ 초퍼 방식

② 레오나드 방식
④ TRC(Time Ratio Control) 방식

28 전력 변환기기가 아닌 것은?

① 변압기
③ 유도 전동기

② 정류기
④ 인버터

29 반도체 사이리스터에 의한 속도제어에서 제어가 되지 않는 것은?

① 토크
③ 위상

② 전압
④ 주파수

정답 25 ② 26 ④ 27 ① 28 ③ 29 ①

30 2방향성 3단자 사이리스터는 어느 것인가?

① SCR   ② SSS

③ SCS   ④ TRIAC

해설

TRIAC – 2방향성 3단자 사이리스터

SCS – 역저지 4단자 사이리스터

31 전압을 일정하게 유지하기 위해서 사용되는 다이오드는?

① 정류용 다이오드   ② 버랙터 다이오드

③ 배리스터 다이오드   ④ 제너 다이오드

32 게이트 조작에 의해 부하전류 이상으로 유지전류를 높일 수 있고 게이트의 턴-오프가 가능한 사이리스터는?

① SCR   ② GTO

③ LASCR   ④ TRIAC

33 단상 반파 정류회로에서 직류전압의 평균값 210[V]를 얻는 데 필요한 변압기 2차 전압의 실효값은 약 몇 [V]인가? (단, 부하는 순 저항이고, 정류기의 전압강하 평균값은 15[V]로 한다.)

① 400   ② 433

③ 500   ④ 566

해설

단상 반파 정류회로

직류전압 $E_d = 0.45E - e$

$$210 = 0.45E - 15$$

$$E = \frac{210 + 15}{0.45} = 500[V]$$

정답   **30** ④   **31** ④   **32** ②   **33** ③

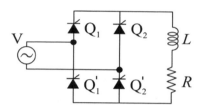

34 3상 수은 정류기의 직류 평균 부하전류가 50[A]가 되는 1상 양극 전류 실효값은 약 몇 [A] 인가?

① 9.6   ② 17   ③ 29   ④ 87

해설

수은 정류기의 전류 실효값

$$\frac{I}{I_d} = \frac{1}{\sqrt{m}} \qquad\qquad I = \frac{1}{\sqrt{m}} \times I_d = \frac{50}{\sqrt{3}} = 29[A]$$

35 그림과 같은 회로에서 전원전압의 실효치 200[V], 점호각 30°일 때 출력전압은 약 몇 [V] 인가? (단, 정상상태이다.)

① 157.8   ② 168.0
③ 177.8   ④ 187.8

해설

단상 전파 $E_d = 0.9E \times (\frac{1+\cos\alpha}{2}) = 0.9 \times 200 \times (\frac{1+\cos30}{2}) = 168[V]$

36 전원전압이 100[V]인 단상 전파정류에서 점호각이 30°일 때 직류 평균전압은 약 몇 [V]인 가?

① 54   ② 64
③ 84   ④ 94

해설

단상 전파의 경우 $E_d = 0.9E(\frac{1+\cos\alpha}{2}) = 0.9 \times 100 \times (\frac{1+\cos30°}{2}) = 84[V]$

정답   **34** ③   **35** ②   **36** ③

37 반도체 정류기에 적용된 소자 중 첨두 역방향 내전압이 가장 큰 것은?

① 셀렌 정류기　　　　　　　　　② 실리콘 정류기

③ 게르마늄 정류기　　　　　　　④ 아산화동 정류기

> **해설**
> 실리콘 정류기
> 역방향 내전압이 매우 우수하다.

38 다이오드 2개를 이용하여 전파정류를 하고, 순저항 부하에 전력을 공급하는 회로가 있다. 저항에 걸리는 직류분 전압이 90[V]라면 다이오드에 걸리는 최대 역전압[V]의 크기는?

① 90　　　　　　　　　　　　② 242.8

③ 254.5　　　　　　　　　　④ 282.8

> **해설**
> 단상 전파 $E_d = 0.9E$
>
> 최대 역전압 첨두치 $PIV = 2\sqrt{2}\,E = 2\sqrt{2} \times \dfrac{90}{0.9} = 282.8[V]$

39 정류회로에서 상의 수를 크게 했을 경우 옳은 것은?

① 맥동 주파수와 맥동률이 증가한다.

② 맥동률과 맥동 주파수가 감소한다.

③ 맥동 주파수는 증가하고 맥동률은 감소한다.

④ 맥동률과 주파수는 감소하나 출력이 증가한다.

> **해설**
> 맥동률과 맥동 주파수
> 상수가 증대 시 맥동 주파수는 증대되고 맥동률은 감소한다.
>
> | 항목 | 단상반파 | 단상전파 | 3상 반파 | 3상 전파 |
> |---|---|---|---|---|
> | 맥동 주파수 | f | 2f | 3f | 6f |
> | 맥동률 | 121[%] | 48[%] | 17[%] | 4[%] |

chapter

06

교류정류자기

06 교류정류자기

CHAPTER

01 단상 직권 정류자 전동기

(1) 직류·교류 양용 전동기(만능 전동기)

(2) 75[W] 정도 이하의 소형공구, 영사기, 치과의료용

(3) 보상권선의 효과
　① 전동기의 역률 개선
　② 전기자 기자력 상쇄(전기자 반작용 제거)
　③ 누설 리액턴스가 작아진다.

(4) 저항도선 : 변압기 기전력에 의한 단락전류 감소

(5) 종류 : 직권형, 보상직권형, 유도보상직권형

02 단상 반발 전동기

(1) 아트킨손형

(2) 톰슨형

(3) 데리형

03 3상 직권 정류자 전동기

(1) 변속도 전동기

(2) 중간 변압기의 사용 목적
　① 정류자 전압의 조정
　② 회전자 상수의 증가
　③ 경부하 시 속도 상승 억제
　④ 실효 권수비의 조정

04 3상 분권 정류자 전동기(시라게 전동기)

(1) 속도 변화에 편리한 교류 전동기

01 직류 · 교류 양용에 사용되는 만능 전동기는?

① 동기 전동기

② 복권 전동기

③ 유도 전동기

④ 직권 정류자 전동기

해설

단상 직권 정류자 전동기

직류 · 교류에 사용되는 만능 전동기로 부른다.

02 단상 정류자 전동기에 보상권선을 사용하는 가장 큰 이유는?

① 정류 개선

② 기동토크 조절

③ 속도제어

④ 역률 개선

해설

보상권선의 효과

(1) 전동기의 역률 개선

(2) 전기자 기자력 상쇄(전기자 반작용 제거)

(3) 누설 리액턴스가 작아진다.

03 다음은 단상 정류자 전동기에서 보상권선과 저항도선의 작용을 설명한 것이다. 옳지 않은 것은?

① 변압기의 기전력을 크게 한다.

② 역률을 좋게 한다.

③ 전기자 반작용을 제거해 준다.

④ 저항도선은 변압기의 기전력에 의한 단락전류를 작게 한다.

해설

단상 정류자 전동기의 보상권선과 저항도선

저항도선은 변압기의 기전력에 의한 단락전류를 감소하며, 보상권선은 변압기 기전력을 작게 해서 정류작용을 개선한다.

정답 **01** ④ **02** ④ **03** ①

04 단상 정류자 전동기의 일종인 단상 반발 전동기에 해당되는 것은?

① 시라게 전동기   ② 아트킨손형 전동기

③ 단상 직권 정류자 전동기   ④ 반발 유도 전동기

해설

단상 반발 전동기

(1) 아트킨손형 전동기

(2) 톰슨 전동기

(3) 데리 전동기

05 3상 직권 정류자 전동기에 중간 변압기가 쓰이고 있는 이유가 아닌 것은?

① 정류자 전압의 조정

② 회전자 상수의 감소

③ 경부하 때 속도의 이상 상승 방지

④ 실효 권수비 선정 조정

해설

중간 변압기의 사용 목적

(1) 정류자 전압의 조정

(2) 회전자 상수의 증가

(3) 경부하 시 속도 상승 억제

(4) 실효 권수비의 조정

06 교류 전동기에서 브러시 이동으로 속도 변화가 편리한 것은?

① 시라게 전동기   ② 농형 전동기

③ 동기 전동기   ④ 2중 농형전동기

해설

시라게 전동기

브러시 이동으로 속도 변화에 편리한 교류 전동기를 말한다.

정답   **04** ②   **05** ②   **06** ①

07 교류정류자기에서 갭의 자속분포가 정현파로 $\phi_m = 0.14$[Wb], $P = 2$, $a = 1$, $Z = 200$, $N = 1,200$[rpm]인 경우 브러시 축이 자극 축과 $30°$라면 속도 기전력의 실효값 E_s는 약 몇 [V]인가?

① 160

② 400

③ 560

④ 800

해설

$$E = \frac{1}{\sqrt{2}} \times \frac{P}{a} Z\phi \frac{N}{60} \sin\alpha$$

$$= \frac{1}{\sqrt{2}} \times \frac{2}{1} \times 200 \times 0.14 \times \frac{1,200}{60} \sin30°$$

$$= 396[V]$$

08 가정용 재봉틀, 소형공구, 영사기, 치과의료용, 엔진 등에 사용하고 있으며, 교류·직류 양쪽 모두에 사용되는 만능 전동기는?

① 전기 동력계

② 3상 유도 전동기

③ 차동 복권 전동기

④ 단상 직권 정류자 전동기

해설

교류·직류 양쪽 모두에 사용되는 만능형 전동기는 단상 직권 정류자 전동기가 된다.

09 그림은 단상 직권 정류자 전동기의 개념도이다. C를 무엇이라고 하는가?

① 제어권선

② 보상권선

③ 보극권선

④ 단층권선

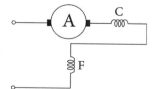

해설

A는 전기자, C는 보상권선, F는 계자권선이다.

정답 **07** ② **08** ④ **09** ②

10 75[W] 이하의 소출력 단상 직권 정류자 전동기의 용도로 적합하지 않은 것은?

① 믹서 ② 소형공구
③ 공작기계 ④ 치과의료용

해설
단상 직권 정류자 전동기는 75[W] 정도 이하의 소형공구, 영사기, 믹서, 치과의료용 등에 사용한다.

11 단상 직권 전동기의 종류가 아닌 것은?

① 직권형 ② 아트킨손형
③ 보상직권형 ④ 유도보상직권형

해설
② 아트킨손형의 경우 단상 반발 전동기에 해당한다.
단상 직권 전동기의 종류
1) 직권형
2) 보상직권형
3) 유도보상직권형

12 단상 직권 정류자 전동기의 전기자 권선과 계자 권선에 대한 설명으로 틀린 것은?

① 계자 권선의 권수를 적게 한다.
② 전기자 권선의 권수를 크게 한다.
③ 변압기 기전력을 적게 하여 역률 저하를 방지한다.
④ 브러시로 단락되는 코일 중 단락전류를 크게 한다.

해설
단상 직권 정류자 전동기
약계자, 강전기자형으로 하며, 기전력을 적게 한다. 고저항 도선을 사용하여 단락전류를 작게 한다.

정답 10 ③ 11 ② 12 ④

13 3상 직권 정류자 전동기에 중간 변압기를 사용하는 이유로 적당하지 않은 것은?

① 중간 변압기를 이용하여 속도 상승을 억제할 수 있다.
② 회전자 전압을 정류작용에 맞는 값으로 선정할 수 있다.
③ 중간 변압기를 사용하여 누설 리액턴스를 감소할 수 있다.
④ 중간 변압기의 권수비를 바꾸어 전동기 특성을 조정할 수 있다.

해설

3상 직권 정류자 전동기에 중간 변압기의 사용 이유
1) 정류자 전압의 조정
2) 속도 이상 상승 방지
3) 실효 권수비의 조정
4) 회전자 상수의 증가

14 3상 분권 정류자 전동기에 속하는 것은?

① 톰슨 전동기   ② 데리 전동기
③ 시라게 전동기   ④ 아트킨손 전동기

해설

3상 분권 정류자 전동기에 속하는 것은 시라게 전동기이다.

합격까지 박문각

전기기기

필기 기본서

제2판 인쇄 2024. 3. 20. | **제2판 발행** 2024. 3. 25. | **편저자** 정용걸

발행인 박 용 | **발행처** (주)박문각출판 | **등록** 2015년 4월 29일 제2015-000104호

주소 06654 서울시 서초구 효령로 283 서경 B/D 4층 | **팩스** (02)584-2927

전화 교재 문의 (02)6466-7202

정가 15,000원

ISBN 979-11-6987-798-5

MEMO